Elmar Schnitzer · *Glück geteilt durch zwei*

Elmar Schnitzer

Glück geteilt durch zwei

Langen*Müller*

Die fotografischen Illustrationen zu diesem Buch gelangen Debra Bardowicks im und mit Pferden eines privaten Gestüts in Hamburg. Den Betreibern gilt mein ganz besonderer Dank. Das Auge macht das Bild, die Leidenschaft drückt den Auslöser. Das ist das Erfolgsgeheimnis der begabten Tierporträtistin, die international große Anerkennung genießt.

© Aufmacherfoto Kap. 15: Lutz Toelle
© Aufmacherfoto Kap. 16: Schafft und Ellerbrock

© 2016 Langen*Müller* in der
F.A. Herbig Verlagsbuchhandlung GmbH, München
Alle Rechte vorbehalten
Umschlagsgestaltung: Wolfgang Heinzel
Umschlagfoto: Debra Bardowicks
Satz: Satzwerk Huber, Germering
Gesetzt aus: 11,25/14,75 pt. Adobe Garamond Pro
Druck und Binden: CPI books GmbH, Leck
Printed in Germany
ISBN 978-3-7844-3407-0

Auch als

www.langen-mueller-verlag.de

Für Filia

Wenn Menschen denken,
dass Pferde nicht fühlen können,
so müssen Pferde fühlen, dass Menschen
nicht denken können.

Inhalt

Vorwort

Pferde sind die Brüder und Schwestern unserer Seele. Sie spüren, wonach wir uns sehnen, und schenken uns, was uns erfüllt. Spenden uns Trost, wenn wir traurig sind. Machen uns Mut, wenn wir verzagen, und geben uns Kraft, wenn wir Schwäche fühlen. Sie lassen die Sonne für uns scheinen und umarmen uns dabei mit ihrer Herzenswärme. Zeigen uns, wie wertvoll der Nächste für uns ist, und öffnen unsere Sinne für Selbstkritik und Demut. Nur, wer sich verstanden fühlt, versteht auch. Empathie ist die Magie der Pferde. Kaum jemand, der sich ihrem Zauber entziehen kann.

Etwa eine Million Pferde wiehern derzeit in deutschen Ställen. Weit über fünf Millionen Menschen finden Erfüllung bei ihnen, bevorzugt Frauen. Und täglich werden es mehr. Damit ist das Pferd nach seinem Niedergang Mitte des letzten Jahrhunderts zum beliebtesten großen Haustier nach Hund und Katze geworden. Und zum Ziel der größten Seelenflucht dieses jungen Jahrtausends: Weg aus der Kälte einer Gesellschaft, die kaum noch ihre Nachbarn und keine Werte mehr kennt, nur noch von allem den Preis. Hin zum Wohlfühltier Pferd. Die große Mehrheit genießt ihre Freizeit mit ihnen, eine Minderheit findet im Turniersport Erfüllung. Allen gemeinsam ist: Wer ein Pferd zum Freund hat, ist nie mehr allein und niemals mehr einsam.

Kaum eine Beziehung ist so alt, so eng, so emotional und so sehr von Abhängigkeit geprägt wie die zwischen Pferd und Mensch. Das Pferd hat uns aus der Antike in die Moderne gezogen und getragen. Auf seinem Rücken wurden Kulturen verbreitet, Weltreiche errichtet und zerstört. Ihm verdanken wir unseren Fortschritt. Als die technische Revolution das Pferd als Arbeitstier überflüssig machte, bewahrte es der Reitsport vor dem Aussterben. Eine Rettung, die Heldentum und Tragik gleichermaßen gebar und gebiert. Vom Wohlstand zum Investment erhoben und gleichzeitig zum Statussymbol erniedrigt, findet es seine Bestimmung mittlerweile immer mehr auch dort, wo es seinen Ursprung hat, in der Natur, als Befreier und Fixpunkt seiner Menschen.

Im Film, im Fernsehen und in Büchern ist es geblieben, was es immer war: Inbild von Tugend und Erhabenheit. Fury, der schwarze Hengst, galoppierte bei seinen Abenteuern direkt in die Kinderherzen der Welt. Liesl, das Bauernpferd, rührte Millionen zu Tränen, als es an gebrochenem Herzen starb, weil sein Gefährte, der Wallach Hans, nicht aus dem Zweiten Weltkrieg heimgekehrt war. Halla, das Springpferd, wurde zur Legende, als es ihren wegen eines äußerst schmerzhaften Muskelrisses in der Leiste nahezu bewegungsunfähigen Reiter Hans Günter Winkler über schwerste Hindernisse zu olympischem Gold trug. Der Wallach Rembrandt wurde unsterblich, als er als einziges Dressurpferd in der Geschichte der olympischen Reiterspiele seit 1912 mit seiner Reiterin Nicole Uphoff zwei Mal Einzelgold ertanzte.

Kein Tier seines Körpermaßes gilt als edler, keines als tapferer, keines als großmütiger als das Pferd. Keines als loyaler. Und keines ist uns so verbunden. Hätten Pferde noch die Größe von Füchsen wie vor 70 Millionen Jahren, als sie als Einhufer aus dem Nebel der Schöpfung traten, würden sie wohl eher nicht im Stall leben, sondern unter einem Dach mit uns.

Mich haben fünf Pferde durchs Leben begleitet, jedes von ihnen war anders in Art und Wesen, jedes für sich besonders. Eines aber war auf besondere Weise anders. Nennen wir es Felix, sagen wir, es war ein Fuchshengst, und vereinigen wir in ihm alle fünf. Felix hat mein Denken und Handeln nachhaltiger verändert und geprägt als vieles vor und nach ihm. Als Seelenverwandter, als Weggefährte, als Vertrauter und als Partner im Sport. Mit seinem Tänzertalent trug er mich hinauf in hohe emotionale Höhen und stürzte mich hinab in tiefste Tiefen.

Der Ball steigt zum Fall, auch wenn das im Moment des Erfolges unmöglich scheint. Indem mir Felix meine Grenzen zeigte, wies er uns beiden den Weg zu innerer Zufriedenheit, der schönsten Form des Glücks. Sie lässt sich nicht im Vergleich erringen, auch nicht im sportlichen Wettbewerb, so fesselnd und befreiend Erfolg hier wie da auch immer sein mag. Denn sie hängt nicht von Meriten ab, sondern von unserer Beziehung dazu. Sie erwächst aus Selbsterkenntnis. Wer gelernt hat, sich zufriedenzugeben, wird immer zufrieden sein. Albert Camus hatte recht, als er schrieb: Nicht der Misserfolg ist es, an dem der Mensch Schaden nimmt. Sondern der Erfolg. Nämlich dann, wenn das Verlangen nach dem Mehr Denken und Handeln bestimmt, falschen Ehrgeiz weckt und Selbstüberschätzung provoziert. Den Preis dafür, wenn der Mensch im Reitsport das Maß für sich verliert, zahlt immer auch das Pferd.

Davon und von anderen Erkenntnissen auch fürs Leben mit seinen unterschiedlichen Herausforderungen, die ich dem Lehrmeister Pferd verdanke, erzähle ich in diesem autobiografischen Roman. Aber auch von vielen lustigen Begebenheiten und, vor allem, vom Gefühlsgeheimnis zwischen Pferd und Mensch. Vielleicht ist es erhellend für die eine oder andere Leserin, den einen oder anderen Leser. Wer reiterliche Ratschläge erwartet, wird enttäuscht. Dafür fehlt mir jede Qualifikation, und das entspricht auch nicht meiner Intention. Ein Buch wie dieses verfasst zu haben, macht mich auch nicht zum Pferdefachmann, zumal die Basis dafür lange zurückliegt. Ich liebe Pferde seit Kindertagen dafür, dass man bei ihnen Mensch sein darf. Das ist es auch, worum es mir hier geht. Und Ihnen nach der Lektüre möglicherweise auch. Die Pferde hätten sicher nichts dagegen.

1

Jedem Anfang wohnt ein Zauber inne

HERMANN HESSE

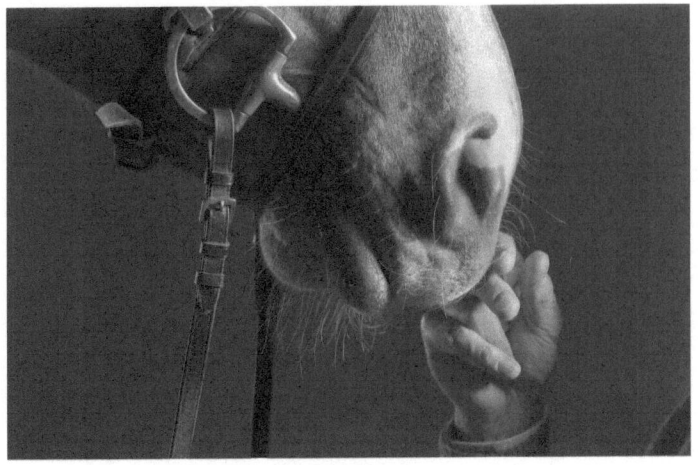

Der Weg zum Glück führte durch eine lange Gasse des Unglücks, immer tiefer hinein in die Schattenwelt des Reitsports, zur Schau gestellt hinter den Gittern eines Verkaufsstalles, die sich wie Finger bis zur Decke streckten, einem Sicherheitstrakt gleich. Sie verwahrten keine Täter, sondern deren Opfer. Gescheiterte in einer Welt, die nur Sieger streichelt und sich in deren Glanz sonnt. »Böcke, Esel und Scheißtiere«, erfolglos im Springparcours, chancenlos im Dressurviereck. Zu ängstlich, zu faul, zu feige. Zu eigensinnig, zu stur, zu unbegabt. Zu klein, zu groß, nicht ansprechend genug. Hinterlassenschaften von Naivität und Unverstand, falsch verstandener Tierliebe, Selbstüberschätzung, Herrschsucht und Profitgier. Zwischen die Dornen menschlichen Willens gezwängt, gebraucht, missbraucht, verbraucht. Zur Ware degradiert, allesamt.

Langsam ging ich von Gitter zu Gitter, von Pferd zu Pferd, den Duft von Heu in der Nase, das große, gemütliche Gestalten im Halbdunkel Halm um Halm von am Boden aufgeworfenen Haufen zupften und so bedächtig zwischen ihren Zähnen zermahlten, als sei die Ewigkeit ihre innere Uhr. Die Stunde verliert ihr Maß, wenn man rund um die Uhr eingesperrt ist, ausgesperrt aus dem Leben und der Natur, ohne Ansprache, ohne Abwechslung, ohne Zuwendung. Verwahrt zum möglichst kurzfristigen Verbleib, die wunde Seele verborgen unterm gepflegten Fellkleid.
Kreidebuchstaben und Zahlen, ungelenk auf schwarze Schilder an jeder Boxentür gekritzelt, bezeichneten Rasse und Geburtsdatum der Pferde dahinter. Ihre Namen nannten sie nicht. Ställe wie dieser sind die Ställe der Namen-

losen. Ein Wisch mit dem feuchten Schwamm, und sie haben nie existiert.

Kaum eines der Pferde reagierte auf mich, nicht die beiden Braunen, nicht der Schimmel, auch das Großpony mit dem eleganten Araberkopf nicht. Als wäre ich nicht existent. Luft kann einem nicht wehtun. Aber mit Ablehnung gewinnt man auch kein Herz für sich. Der Teufelskreis Schicksal hat diese armen Kreaturen in seine Mitte genommen und ließ sie nicht mehr heraus. Was ich auch versuchte, um ihnen näherzukommen, ihre Gesichter blieben teilnahmslos, ihre Augen ohne Ausdruck. Und doch sprachen sie Bände. Kündeten von Angst und Unmut, von Trostlosigkeit, Resignation, Verzweiflung und ohnmächtiger Wut. »Schau einem Pferd in die Augen und du schaust in seine Seele« hatte mir ein erfahrener Pferdemann mit auf den Weg gegeben.

Ich war gekommen, um eines dieser Pferde zum Freund zu gewinnen, auch, um mich mit seiner Hilfe vom Gestern zu lösen. Mein letztes Pferd war nach vielen Jahren an meiner Seite an einer unheilbaren Knochenaufreibung im Hinterbein erkrankt. Kaum den Kinderschuhen entwachsen war es in mein Leben getreten, schlaksig und unbedarft. Das Wissen darum, dass er nun mehr auf den Weiden eines Bauernhofes ein selbstbestimmtes Leben genießen konnte, war kein Trost für mich, tröstlich aber war es schon. Ihm das zu ermöglichen war alles, was ich tun konnte, aber das Mindeste, was ich ihm schuldete. Es bedurfte einer langen Zeit, bis das tägliche Vermissen weniger wurde und ich dem bedrängenden Bedürfnis nach neuem Leben auf vier Beinen nachgeben konnte. Ganz erloschen ist es nie.

Freunde hatten mir von einem Fuchshengst berichtet, der zum »Warenangebot« des Händlers gehörte. Sie wussten, dass ich mir wieder ein Pferd auch für den Dressursport wünschte. Explizit ein Sport-Pferd wünschte ich mir nicht. Das Reiten, die Bewegung zu Pferde, war für mich in erster Linie die Erfüllung meines Willens nach Weite. Aufzusteigen und abzuheben, allem davonzufliegen, was einen auf dem Boden hielt, einem Vogel gleich: Korsette, Normen, Regeln, Rücksichten. Im Turniersport fand ich freudige Bestätigung beim Spiel, die der holländische Philosoph Huizinga so definierte: »Seine Merkmale sind Freiwilligkeit, räumliche Begrenzung, Spannungsgefühl – und das Bewusstsein des Unterschieds zum übrigen Leben.« Oft genug allerdings hatte das, was da bei Wettbewerben an angeblicher Freiwilligkeit vor allem der Pferde inszeniert wurde, mehr mit Unfreiwilligkeit gemein, mit Beherrschen und mit Verlangen. Wobei, auch das sei klar gesagt, die schwarzen Füße am Ende der weißen Reithose weit in der Unterzahl waren. Erfolg belohnt mit seiner Gunst auch, wer in Gemeinsamkeit und Harmonie mit seinem Pferd um ihn ringt.

Der Hengst sei meinem vorherigen Pferd in Gestalt und Wesen ähnlich, hatten mir die Freunde vorgeschwärmt, mich aber auch vorgewarnt: In seinem derzeitigen Zustand sei er eher kein Pferd für den ersten Blick. Das weckte meine Neugierde. Denn solche Pferde werden ohnehin nicht verkauft. Und wenn, nur für horrende Summen und nicht in Ställen wie diesem, dessen Besitzer vor mir in Gummistiefeln entengleich auf die Box des Fuchses zuwatschelte und bei jedem Schritt hörbar nach Luft schnappte, die ihm die Last seines Kugelbauches nahm. Zwei Knöpfe über dem einstmals grünen Kittel, der ihn überspannte, waren abgesprengt. Der Pferdehandel schien ihn gut zu ernähren. Sein Watschelgang gab ihm etwas Ulkiges, sein rotgesichtiges Antlitz etwas Schlitzohriges. Die Wahrheit wohnte dazwischen. Vor dem vorletzten Gitterkäfig blieb er stehen, schob die Tür auf und machte eine einladende Handbewegung: »Da steht er, der Prachtkerl.«

Vor mir stand, mit hängendem Kopf und etwas schlaffer Unterlippe, ein scheinbar leer gelebtes Lebewesen. Mit meiner geöffneten rechten Hand, in der ein Leckerli lag, streckte ich ihm vor allem mein Mitleid entgegen. Er wollte beides nicht, drückte sich in eine Ecke und verharrte abweisend. Dabei blitzte etwas Widerständiges in seinen Augen auf, entbunden aus Charakter und Charisma und noch immer stark genug, um sich nicht vom Treibsand tiefer Verlorenheit verschlingen zu lassen. Der Hengst verachtete mich. Und fürchtete mich zugleich. Einzig die hinter ihm zusammengewachsenen Gitter hielten ihn bei mir. Wie fast alle Pferde hier war auch er der Vertraute einer schlimmen Vergangenheit. Menschenhand segnet, zerstört aber leider oft genug, auch was sie vorher gesegnet hat.

Als erriete er meine Gedanken, plapperte der Händler geschäftsmäßig drauflos. Der Fuchs sei durch mehrere Hände und auch Springen gegangen, aber er eigne sich auch für den Dressursport, bei seinem Gangwerk! Dieses müsse ich mir gleich mal selbst ansehen, nebenan, in der Reithalle.

Dem Lobgesang folgte kleinlaut der Abgesang: Leider habe er nichts auf dem Zettel, was sich für mich positiv im Preis auswirken würde.

Mit Gangwerk hatte er Schwung und Eleganz des Bewegungsablaufs gemeint, mit Zettel eine Liste, in die Erfolge von Turnierpferden eingetragen werden. Die letzten Besitzer seien seiner nicht Herr geworden und hätten ihn deshalb in Beritt gegeben, palaverte er weiter. Um zu verdeutlichen, was er damit auch sagen, aber nicht aussprechen wollte, wedelte er mit seiner rechten Faust vor meiner Nase hin und her, als halte er eine Gerte darin. Hengste brauchten eben eine feste Hand. Gefruchtet habe alles nichts. Talent sei vorhanden, die Nerven nicht. Weshalb die Eigentümer das Interesse verloren hätten. Der Fuchs müsse also weg, je eher je besser. Dass sich bisher kein Käufer für ihn gefunden hatte, war ohne Frage keine Frage des Preises. 15 000 D-Mark waren eher wenig Geld für ein Dressurpferd seines Alters. Mit neun Jahren sind Pferde schon gereift, aber noch weit stärker von der Jugend bestimmt als vom Alter.

Die Lebensverdrossenheit des Fuchses rief in mir das Bild wach, das der Dichter Wolfgang Borchert in seinem Drama »Draußen vor der Tür« von dem Kriegsheimkehrer Beckmann gezeichnet hat. Auch Beckmann war kein Verlierer, ein Verlorener war er trotzdem. Von Hitler in den mörderischer Ostfeldzug gezwungen, von Stalin als Kriegsgefangener in den Menschen verschlingenden Gulags am Polarkreis dem Tode entgegengeschunden. Er hat sie überlebt, sein Ich nicht. Es starb in Sibirien. Beckmann wurde zum Fremden im eigenen Körper. Fand keinen Zugang mehr zu sich. Der

Tod sollte ihn erlösen. Aber der Fluss, in dem er ihn suchte, spülte ihn ins Leben zurück. Er sei zu jung zum Sterben und längst nicht am Ende, verabschiedete er ihn. Er könne gerne wieder kommen. Aber erst, wenn er tatsächlich am Ende sei. Auch der Fuchs war nicht am Ende. Das spürte ich. Pferde ziehen mich magisch an, seit ich als semmelblonder Knirps von fünf Jahren in Kniestrümpfen auf einem braunen Schaukelpferd ritt, das eine rote Trense aufhatte und einen roten Sattel trug. Meine Mutter hatte es mir zu Weihnachten geschenkt und damit den Geist aus der Flasche gelassen. Ein eigenes Pferd war mir erst als Erwachsenem vergönnt. Meine Mutter war der Überzeugung, dass ich in die Schule gehöre und nicht in den Reitstall. Vielleicht bin ich deshalb von jeder Schule geflogen. Gelegentliche Reitstunden blieben mir nicht verwehrt. Saß ich nicht zu Pferde, hoben mich meine Träume auf deren Rücken.

Erfüllung erlebte ich, wenn ein Zirkus in unsere kleine Stadt kam mit seinen weißen Hengsten, die ausnahmslos Wallache waren, und vielen frechen, gescheckten Ponys. Für Kinder wie mich war ein Zirkus eine kleine bunte Welt der großen Wunder. Von eigens dafür gespartem Taschengeld kaufte ich den Pflegern eine bauchige Flasche Wein und mir damit deren Erlaubnis, die viel zu kurzen Tage bei und mit den Zirkuspferden zu verbringen. Sie zu füttern, zu striegeln und zu streicheln. Dafür schmusten sie mit mir, umarmten mich mit ihrer Herzlichkeit und vertrieben mit ihrer Wärme die Einsamkeit aus mir. Sie waren meine Geschwister. Meine Sehnsüchte hatten in ihnen Gestalt angenommen. Nie würde ein Pferd seinem Reiter Schaden zufügen, nie ihn im Stich lassen, niemals ihn betrügen. Mein unbedarftes Kindergemüt hatte seine Fluchtburg gefunden. Sie ist es bis heute geblieben.

Jedoch, konnte ich dem Fuchs eine Fluchtburg sein, durfte ich es überhaupt versuchen, mit meinem zeitaufwendigen Beruf, meiner kleinen Familie und meinen zahlreichen Verpflichtungen? Während mein Verstand einem Computer gleich möglich und unmöglich, vielleicht machbar und ganz ausgeschlossen abglich, hatte sich mein Herz längst entschieden. Und wer hört schon auf seinen Verstand, wenn das Herz spricht. Herzen finden sich und schlagen füreinander über weiteste Entfernungen und durch dickste Gitter hindurch, über stärkste Bedenken und größte Vorurteile hinweg. Noch am selben Tag wurde der Fuchs der meine und ich irgendwann auch der seine. Wir hatten uns nicht gesucht und haben uns doch gefunden. Mit gegenseitiger Sympathie ist es wie mit der Liebe. Sie lässt sich nicht herbeizwingen.

So fuhr ich mit dem Fuchs davon, ohne Proberitt, ohne Ankaufsuntersuchung, ohne Rückgaberecht. Und dennoch ohne die geringsten Bedenken. Vielleicht hatte ich in meinem Leichtsinn tatsächlich mehr Glück als Verstand. Aber, wie dunkel wäre unser Sein ohne die Chance auf ein Quäntchen Glück. Ich nannte den Fuchs Felix, weil das Glück das Einzige ist, was sich verdoppelt, wenn man es teilt. Und niemals mehr bis zu seinem jähen Tod sollte jemand seinen Namen von der Tafel an seiner Boxentür wischen.

2

Der Mensch schuf den Dämon nach seinem Bilde

GRAFFITO

Draußen vor der Stalltür spitzte bereits der Frühling um die Ecke, drinnen erwartete mich ein Schneepferdchen. Felix' Fell war vollgeschneit mit weißen Spänen seiner Einstreu. Ganz so, als sei ein Wintersturm über ihn hinweggefegt. Ein Sturm war es, aber ein Sturm des Wohlgefühls. Felix hatte die erste Nacht in seinem neuen Zuhause liegend verbracht. Welch befreiende Erkenntnis. Fluchttiere, wie Pferde es sind, wagen das nur, wenn sie sich absolut sicher und geborgen fühlen, wozu auch die sieben Nachbarn in dem Stall beigetragen haben, der wie ein L um die Ecke bog. Alles Wallache, alle sehr schnell ziemlich beste Kumpels. Eine große Freundlichkeit ging von Felix aus. Er war angekommen im Leben der anderen.

In der Longierhalle überließ ich ihn sich selbst. Dieses Vergnügen gönnte ich ihm künftig täglich vor dem Satteln. Er sollte ungestört tun können, wonach ihm der Sinn steht, sich recken und strecken. Wir springen ja auch nicht aus dem Bett und machen hundert Kniebeugen, eine niederdrückende Last auf dem Buckel. Die Nase einige Zentimeter über dem Sand erschnüffelte Felix die Halle, um rasch wieder dort zu landen, wo er sich am wohlsten fühlte, auf dem Rücken, sich wälzend, lustvoll schnaubend, alle viere von sich gestreckt. Wer miterlebt hat, wenn Freude bestrahlt, wer im Dunkel darbte, vergisst das nicht mehr.

In einer Staubwolke kam Felix wieder auf die Beine, und ab ging es in ausgelassenem Galopp, im weitem Kreis um mich herum. Ich wandte mich mit dem Gesicht von ihm ab, meinen rechten Arm in Schulterhöhe ausgestreckt, die Hand geöffnet. Damit hielt ich ihn auf Abstand, bis er den Kopf kauend und speichelnd senkte. Der Nacken ist der höchste Punkt des Pferdes. Beugen sie ihn, signalisieren sie ihrem Leithengst Anerkennung. Der Amerikaner Monty Roberts, vor Jahrzehnten zum Propheten unter den Pferdeflüsterern erhoben, hat dieses Verhaltensmuster entdeckt, als er die Sprache wilder Mustangs in seiner Heimat erforschte. Nun war ich Felix' Leithengst und nahm sein Freundschaftsangebot an, indem ich meinen Arm senkte und meine rechte Schulter gegen ihn richtete. In seiner Sprache heißt das: Komm näher, du bist mir willkommen. Als er erwartungsvoll hinter mir verharrte, wandte ich ihm Gesicht und Oberkörper wieder zu und streichelte ihm über die Stirn. Er prustete zufrieden.

Mit Felix an der Longe gingen wir auf Entdeckungstour über den Innenhof, umstanden von Ställen und Wirtschaftsgebäuden. So fühlte er sich nicht angebunden und war doch an mich gebunden. Auf dem Hof war Hochbetrieb. Menschen, Pferde, Autos. Neugierig, aber nicht angespannt ließ Felix alles auf sich wirken. Seine Ohren folgten den Geräuschen, seine Augen, was sich ihnen darbot, auch hinter ihm. Pferde sehen weniger scharf, aber räumlich betrachtet weit mehr als wir. In einem Winkel von 360 Grad bleibt ihrem Blick nichts verborgen, vor allem der Reiter auf ihrem Rücken nicht. Schaut er freundlich drein, bleiben sie gelassen. Bestimmen Ungehaltenheit oder gar Zorn seinen Gesichtsausdruck, lässt Angst ihr Herz sofort sehr viel schneller schlagen. Ihre ovalen, fast horizontal nach unten stehenden Pupillen ermöglichen Pferden den Rückwärtsblick. Das ist

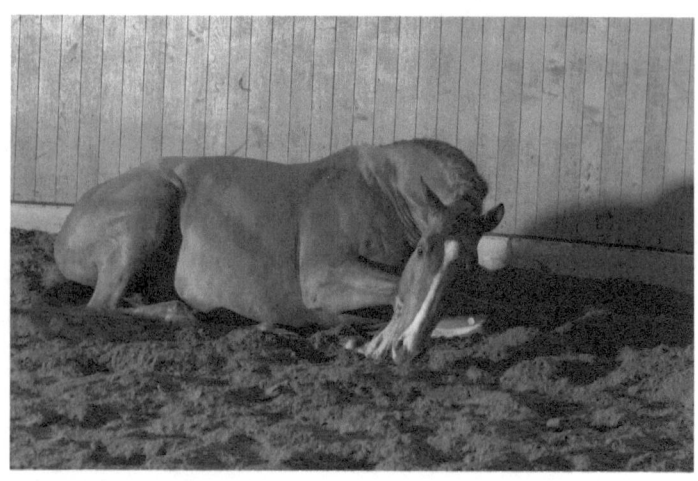

nicht nur von Vorteil: Die Schrägstellung macht es ihnen unmöglich, einen Punkt vor sich in die Blickmitte zu nehmen, weshalb sie zum Beispiel beim Springen eines Parcours mit unpassenden Distanzen auf das Auge ihres Reiters angewiesen sind.

Als ein Duftschwall aus dem Stutenstall zu Felix herüberwehte, badete er seine Nase in dem unsichtbaren Aphrodisiakum und flehmte lüstern Richtung Frauenhaus. Der Mann in ihm war erwacht. Ganz wach war er noch nicht. Das wäre unübersehbar gewesen. Schmunzelnd erinnerte ich mich an die Versicherung des Händlers, Felix sei »überhaupt nicht hengstig, nein, nicht die Spur«. Und an das schmutzige Lachen, als er hinzufügte: »Sonst hätte er ja auch längst keine Bälle mehr.« Die Erkenntnis gehört zum Wesen der Dinge, das Wesentliche an ihr jedoch ist der Irrtum. Und der sollte mich schon bald vor eine schwerwiegende Entscheidung stellen.

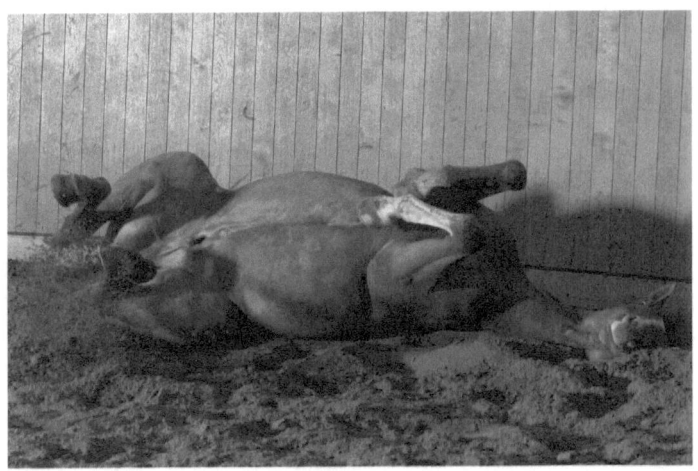

Zur Mittagszeit, wenn die Halle leer ist, wollte ich Felix erstmals reiten. Zwischen vier festen Wänden würde er am wenigsten abgelenkt sein, und es gab auch keinen Grund für ihn, sich zu erschrecken oder gar sich zu fürchten. Auch ich fühlte mich drinnen sicherer. Neben Felix stehend ragte ich etwas über seinen Widerrist hinaus. Wollte ich auf seinen Rücken gelangen und meine 68 Kilo nicht einem Plumpssack gleich die Hände an den Sattel geklammert hochziehen, bedurfte es eines Hockers. Von ihm aus war es nur ein kleiner Schritt nach oben, aber ein großer Schritt in unsere reiterliche Zweisamkeit.

Am Ziel meiner Anstrengungen angelangt wuchs der Wicht zum Giganten. Es war der Gefühlscocktail dieser Premierensituation, der mich ins Unendliche wachsen ließ, beglückt, berauscht, entzückt. Rücksichtsvollerweise hatte Felix in der Vorhalle statuengleich ausgeharrt, bis ich nach nervender Hin- und Herrutscherei im Sattel endgültig auf meinen vier

Buchstaben saß. Den Zügel auf dem Hals zockelte er mit mir die Längsseite der Halle hinunter, während ich versuchte, mich in ihn einzufinden. In seine Art, sich zu bewegen, die Länge seiner Tritte, den Schwung seines Rückens, die Aktivität seiner Hinterhand. Anfänge sind immer am spannungsvollsten, weshalb aus ihnen auch die größte Freude entspringt. Nichts ist planbar, nichts ist festgelegt, wer erfahren will, muss probieren, alles ausprobieren, und dabei stets mit allem Erdenklichen rechnen.

Mit jedem Meter vorwärts entfernte sich Felix einen Meter weiter von dem Dämon, dessen Opfer er in seinem früheren Leben zweifellos war. Und ging ihm doch entgegen. Aber erst einmal stoppte ihn eine Reihe rot-weißer Bodenricks, Cavaletti genannt, die in der Hallenmitte aufgereiht standen. Die frische Farbe, ein leuchtendes Rot zwischen Weiß, übt auch auf Pferde eine nicht zu unterschätzende Reizwirkung aus. Einige Meter weiter lauerte die nächste Verunsicherung, ein Spiegel, der sich zwanzig Meter über die Stirnseite der Halle ausbreitete und bis zur Decke streckte. Und mit ihm die Frage: Wo, bitte, kommt diese vorwitzige Pferdeschnauze am rechten unteren Rand des Spiegels plötzlich her? Als diese Schnauze dann auch noch drachengleich ihren Atem gegen das Glas blies, sodass es von der Feuchtigkeit beschlug, gab Felix Fersengeld.

Um seine Aufmerksamkeit wieder für mich zu gewinnen, redete ich auf ihn ein wie auf den sprichwörtlichen kranken Gaul. Es kam ja nicht darauf an, was ich zu ihm sagte, sondern, wie ich es sagte. Pferde lernen Worte durch Wiederholung verstehen, die Tonlage aber deuten sie sofort. Eine ruhige, tiefe Stimme ist Balsam für ihre Ohren. Also versandte

ich meine Botschaften in Bass und Bariton, was Felix dazu brachte, mir wenigstens ein Ohr zuzuwenden. Das war zwar nur ein halber Sieg, aber durchaus schon ein Gewinn.

Nach etwa zehn Minuten im Einschlafmodus wollte ich antraben. Sehr wohl darauf gefasst, dass jederzeit etwas Unvorhergesehenes geschehen kann, nahm ich die Zügel kurz und zog die Unterschenkel bewusst sanft an Felix' Leib heran. Ein leiser Druck nur und doch so fest, dass er die papierdünne Mauer zwischen Vergangenheit und Gegenwart, zwischen Angst und vorsichtigem Zutrauen in Felix' Gedächtnis in sich zusammenstürzen ließ. Statt zu gehen, blieb er stehen, starr, wie einzementiert, jeder Muskel angespannt. Bereit zur Explosion. Jetzt nur keinen Fehler machen, dachte ich noch, und machte ihn schon, indem ich nach einer kurzen Weile des Verharrens den Druck mit den Beinen gleichmäßig etwas erhöhte und Felix gleichzeitig mit der Gerte aus dem Handgelenk unterhalb der Kruppe ganz leicht touchierte. Mit den Sporen blieb ich ihm fern. Pferde sind so sensibel für Berührungen, dass sie sogar wahrnehmen, wenn eine Fliege auf ihrem Haarkleid Platz nimmt.

Unvermittelt stürmte Felix los, nicht vorwärts, wie vielleicht zu erwarten gewesen wäre. Rückwärts. Mit fliegenden Tritten, den Kopf zwischen den Vorderbeinen. So versuchen Pferde, Hieben von oben zu entgehen. Sein Pulsschlag pochte durch das Sattelblatt und das Leder meiner Stiefel. Das Böse war aus dem Verlies des Vergessens zurückgekrochen in sein Bewusstsein. Pferde haben das Gedächtnis von Elefanten. Es speichert sämtliche Botschaften von Augen, Nase und Ohren, sobald ihr Gehirn sie zu einem Ganzen zusammengefügt hat. Es ist ihnen auch gegeben, Erinnerungen zu verdrängen. Aber ungeschehen machen kann auch ihr Gedächtnis Geschehenes nicht.

Panik griff Raum in Felix. Und mit ihr der Wille zur Auflehnung gegen Grobheit und Übergriffe, die er ganz offensichtlich mit jeder Haarspitze sekündlich erwartete. Das Fell ist die naturgegebene Grenze für den Umgang des Menschen mit dem Pferd. Ist diese Grenze einmal überschritten, wird Brutalität schnell zur Banalität, zum Mittel zum Zweck, stillschweigend praktiziert und achselzuckend akzeptiert. Aus Reitern werden Täter, aus Pferden Opfer.

Rücksichtslose Trainingsmethoden waren und sind nicht die Regel. Aber die Ausnahme waren und sind sie auch nicht. Wenn es um sportliche Ehren und damit fast immer auch um Profit geht, zeigt sich die menschliche Seele nur allzu gern hartleibig gegenüber der Kreatur. Ist der Platz auf dem Treppchen erst einmal erreicht, fragt niemand mehr nach den Machenschaften, die dort hinaufführten. So war es, so ist es und so hat es der Husarenrittmeister Rudolf-Georg Bindung in seiner »Reitvorschrift für eine Geliebte« mahnend hinausgerufen in die Welt: »Meinst du, das Leben zerbreche den Menschen? Sieh, was Menschen aus Pferden machen. Menschen sind es, die das Leben zerbrechen. So zerbrechen sie auch das Leben der Pferde. Die Dressur ist beendet, das Leben ist dahin.«

Felix bebte. Er hatte alle Rollläden in seinem Haus heruntergelassen, die Tür verschlossen und den Schlüssel weggeworfen. Jeder, auch jeder noch so vorsichtige Versuch, sie wieder zu öffnen, wäre einer zu viel gewesen. Auflehnung erfordert Willen und Mut. Entsprechend groß ist die Entschiedenheit, die mit ihr einhergeht.
Es dauerte zwar nur Minuten, bis Felix erkannte, dass die Hand, in der er seine Schatten festhielt, leer geblieben war, aber eine gefühlte Ewigkeit, bis auch das Angstrot in seinen Pupillen endgültig gewichen war. So viel Macht hatten sie noch immer über ihn. Felix' erster Tag mit mir in einer Reithalle sollte für einen Sommer lang sein letzter sein. In der Natur sollte er eine Therapeutin, in der Zeit eine Heilerin finden.

3

Wer den Schaden hat, braucht für den Spott nicht zu sorgen

VOLKSMUND

Mein erster Ausritt mit Felix tat richtig weh. Und zwar da, wo der Mann dem Pferd am nächsten ist. Sie verstehen … Was nicht an Felix lag, sondern an dem Teil, das uns trennte, wo es uns doch verbinden sollte, dem Sattel. Ein guter Sattel ist wie eine gute, ein schlechter wie eine schlechte Geliebte. Der gute kuschelt sich an und nimmt den Reiter in sich auf. Der schlechte lässt einen nicht sitzen. Aber sitzen lässt er einen auch nicht. Und genauso einem hatte ich mich für unsere Ausflüge ins Gelände anvertraut. Erworben von einem älteren Herrn, der ihn mit zärtlichen Worten wie »mein Augapfel« angepriesen und »nur aus Platzgründen« in den Keller verbannt hatte. Eingehüllt in ein Tuch ruhte er auf einer Art Holzbock.

Feierlich langsam, als enthülle er ein Denkmal, zog der ältere Herr mit dem schnurgeraden Scheitel im grauen Haar das Tuch weg, Der sympathische Geruch gewachsten hellen Leders wurde frei. Es war ein Vielseitigkeitssattel, der ihn verströmte. Der Lederbesatz über den hohen Pauschen war aufgeraut, damit die Knie Halt finden. Also genau der richtige Untersatz für Wald und Wiese. Der Zwiesel beulte sich hoch auf. Auch ein ausgeprägter Widerrist wie der von Felix konnte sich darunter ungehindert auf und ab bewegen. Für männliche Reiter, die wie ich nicht hochbeinig sind, ist eine solch hohe Kammer allerdings eher von Nachteil.

Vorerst war ich noch voller Begeisterung über das, was sich mir da darbot, gab mich aber distanziert. In einer Zeitungsanzeige war der Sattel für 280 D-Mark annonciert. Vielleicht konnte ich den Preis etwas drücken. Das Geld ist ja schwer genug verdient. Und tatsächlich, mein zurückhaltendes Verhalten zeigte Wirkung beim Besitzer, angetan mit kariertem Jackett und grauer Hose. An der Bügelfalte hätte man sich schneiden können, vorne und hinten. Sein ausgeprägter Kehlkopf hüpfte hektisch über der Krawatte unter dem weißen Hemdkragen auf und ab. Mit festem Griff hob er den Sattel von seinem Holzgestell, wendete ihn und hielt mir die Unterseite hin. »Hier, bitte sehr - alles tadellos«, triumphierte er.

»Schön, sehr schön«, entgegnete ich und entrang meiner Brust einen ebenso tiefen wie unehrlichen Seufzer. »Eigentlich wollte ich ja einen Dressursattel ... aber, nun gut, was wollen Sie denn haben für das gute Stück?« Die letzten Laute aus meinem Mund waren noch auf dem Weg zu seinen Ohren, da erreichte die meinen schon seine Antwort: »Na, 280 Mark.« Und, nach einer künstlichen Pause und mit gewinnendem Grinsen: »Weil Sie es sind.«
250!, hielt ich dagegen und griff in die Hosentasche, in der gefaltetes Papiergeld knisterte. Der ältere Herr schüttelte den Kopf. Das war aber kein Nein, nur Ausdruck vorgegebener Empörung, denn gleichzeitig streckte er mir einladend seine geöffnete Hand entgegen. Ich schlug ein, ohne dass ich noch eine Frage gestellt hätte. Woher er den Sattel hat, wie alt er ist. Vor allem aber: ob er bequem ist. Es war kein neuer Sattel. Das sah man ihm an. Aber er sah aus wie ein neuer. Das sah man auch. Nur ich übersah es.

Als ich, meine Neuerwerbung auf dem Rücksitz im Auto verstaut, Richtung Heimat fuhr, winkte mir der ältere Herr vom Gartentor seines Häuschens aus zu. Und mir war, als würde er still lächeln. Ich fühlte mich ein bisschen schlecht wegen der 30 D-Mark, die ich ihm abgerungen hatte. Dabei hatte ich gar keinen Grund für ein schlechtes Gewissen. Denn was ich für ein Lächeln gehalten habe, sollte sich als Ausdruck purer Schadenfreude erweisen. Denn kaum hatte ich in seinem Sattel Platz genommen, der nun der meine war, auf dass wir zueinanderfinden, da fühlte ich mich, als säße ich auf eines Messers Schneide. Ein dünner Metallstreifen, der unter dem Leder die Sitzfläche säumte, schnitt mir tief und anhaltend in Pobacken und Schenkelansatz. Normalerweise verwendet man Holz dafür.

Das Metall machte jede Form der Vorwärtsbewegung von Felix für mich zur Heldenfrage, vor allem im Schritt. Sollte ich sitzen bleiben oder mich retten, indem ich mich in die Bügel stellte? Ganz ganzer Kerl biss ich die Zähne zusammen mit dem Ergebnis, dass mir nicht mehr nur mein Hintern wehtat, sondern auch der Kiefer, und ich in der einen Minute nicht mehr wusste, wie ich die nächste erreichen sollte.

Irgendwann gab ich klein bei, trabte an, schnellte mit der Hüfte nach oben, nach vorn – und mit einem Aufschrei wieder zurück. Meine Beine waren zu kurz, die Bügel zu lang, das Becken zu tief, der Zwiesel zu hoch. Peng! Klitschkos Rechte hätte mit einem Tiefschlag nicht härter treffen können. Ich verstand: Ich hatte zwar eine Wahl, aber nur zwischen Pest und Cholera. Umbringen würden mich auf Dauer beide.

In solch dunklen Augenblicken des Lebens leuchtet eine gute Idee in grellem Licht. Pflaster, dick mit Watte gepolstert und in breiten Streifen rückwärtig und an den Innenseiten der Oberschenkel aufgeklebt, würden mich von meiner Pein erlösen und den Sattel damit, wenn schon nicht zur guten Geliebten, so wenigstens zu einer entfernten Freundin machen. Dachte ich. Durch die Reibung am Sattel rollten sich die beidseitigen Klebeflächen der Pflaster vor allem hoch an den Oberschenkeln unter der Reithose langsam immer weiter auf, rissen mir jedes Körperhaar einzeln aus, wovon der Mensch ja bekanntlich einige hat.

Meine große Hoffnung war wie ein Funkenflug zerstoben, da blitzte eine neue Idee in mir auf: Unterhosen! Heureka, jetzt hab ich's. Sie würden mir die Erlösung bringen. Wollene Unterhosen ohne Steg. Darin würde ich unverwundbar sein. Ich kaufte sie im Dreierpack und fühlte mich schon wie als Siegfried, als ich förmlich hineinsprang und siegesgewiss eine über die andere zog. Viel hilft viel. Mir half viel so viel wie wenig, nämlich gar nichts. Als wollte mich das Pech endgültig zum Gespött machen, zwang es mich nach dieser neuerlichen Pleite auch noch einzusehen, dass für eine vierte Unterhose absolut kein Platz mehr war unter meiner Reithose. Mein verlängerter Rücken und die Innenseiten meiner Oberschenkel schillerten inzwischen so bunt, als wäre ich Dauerkunde im Body-Painting-Studio. Die Farben Blau, Gelb und Grün dominierten. Dazwischen schimmerte hier und da ein frisches Rot über ständig neuen Schürfstellen. Schmirgelpapier der Marke »Extra grob« hätte auch keine wilderen Löcher reißen können.

Die Zeit für die Scheidung von meinem Sattel war gekommen. Als ich ihn einem Sattler anbot, verbunden mit dem frommen Wunsch, ihn doch bitte bei Kauf eines neuen in

Zahlung zu nehmen, erntete ich höhnisches Gelächter. Dabei hatte ich doch gar keinen Spaß gemacht. »Das ist billigster Import«, meinte er und schob mir den Sattel über den Tresen zurück. »Kein vernünftiger Mensch kauft so etwas!« Außer mir …

Der Sattel fand sein Grab dort, wo er von Geburt an hingehört hat, im Müllcontainer. Als ich ihn in dem grauen Stahlkasten versenkte, und mit ihm meine 250 Mark, erschien der grinsende ältere Herr erneut vor meinem inneren Auge. Und nun, meine ich, feixte er noch ein bisschen mehr.

4

*Den Weg können dir andere ebnen,
gehen musst du ihn selbst*
FRED AMMON

Lange bevor ich Felix sah, hörte ich ihn. Glockenhelles, melodisches Wiehern schallte mir entgegen, wenn ich im Auto über knirschenden Kies auf den Reiterhof rollte. Felix hatte das unverwechselbare Nageln meines altersschwachen Diesels schnell verinnerlicht. Dem Wiehern folgten dumpfe Donnerschläge, ein Gewitter der Nächstenliebe, losgetreten von seinem rechten Vorderhuf, der so lange gegen die hölzerne Boxentür hämmerte, bis sie sich für ihn auftat. Felix, der Fuchs, war ein schlauer Fuchs. Er wusste, dass ihn weit mehr erwartete als ein unterzuckerter Frühaufsteher, die Körnchen vom Sandmännchen noch in den viel zu kleinen Augen.

In den Taschen meines Anoraks verbargen sich leckere Mitbringsel, Äpfel, Birnen, Möhren, hartes Brot. Die Anlass waren für ein Suchspiel, das uns beide erheiterte, mich bevorzugt dann, wenn Felix' dicke Lippen merklich hektischer über meine Taschen tasteten, in die ich der Spannung halber ab und zu auch mal ein Holzklötzchen hineinmogelte oder eine Kastanie. Aber Felix ließ sich nicht reinlegen. Die Lippen sind die Finger des Pferdes, durchzogen von feinen Muskeln, von denen zehn nur dazu da sind, Maul und Nüstern zu bewegen. Gemeinsam mit dem Tasthaaren auf der empfindlichen Haut rund um die Schnauze befingern sie alles, und was sie nicht für gut befinden, kommt nicht auf die Zunge. Bisweilen ließ ich auch eine Tasche leer. Das war gemein von mir, aber gemein, weil es Felix so gefiel. Es steigerte seine Begierde. In dieser Beziehung war er ein Masochist. Wurde er fündig, blähten sich seine Nüstern über dem Naschwerk unter dem Textil zu einem Trompetenkranz, ehe er seiner langen, kräftigen Zunge freien Lauf ließ, um seinen

Kopf sodann genussgesättigt an meinem Oberkörper zu reiben, auf dass ich ihn in der Kuhle zwischen seinen Backenknochen kraule. Hatte es ihm besonders gut gemundet, durfte ich mit beiden Händen gleichzeitig von unten nach oben über seine Ohren streichen. Das war der Gipfel seiner Gunst und höchster Beweis seines Vertrauens.

Je nahbarer er wurde und je mehr seine Gestalt Adel und Ausdruck zurückgewann, desto stolzer wurde er auch. Stolz ist die Schönheit des Mannes, täglich ein Esslöffel Speiseöl im gequetschten Hafer und einmal die Woche ein rohes Ei seine heimlichen Helfer. Auch ein schicker Anzug hilft, böse Geister zu vertreiben.

Die zwei Stunden mit Felix frühmorgens waren meine Insel. Eine Partnerschaft mit einem Pferd in gegenseitiger Freiheit ist eine Reise mit festem Ziel, aber ohne feste Wege. Nie fühlte ich mich ungezwungener, nie den Widrigkeiten des Lebens ferner als in dieser Zeit, in der sich der Tag sanft aus der Umarmung mit der Nacht löst. Wenn ich in seinem vollen Licht zurückkehrte in die andere, die reale Welt, dann nie ohne Rucksack, von Felix voll gepackt mit Ausgeglichenheit, guter Laune, Mitgefühl, Verständnis und positiver Schaffenskraft. Pferde sind Gefühle auf vier Beinen und als solche wie kaum ein anderes Lebewesen in der Lage, das Gefühlsleben auch eines Erwachsenen mühelos und nachhaltig maßgeblich zu beeinflussen, und das auf so subtile Weise, dass sie sehr schnell unverzichtbar für uns werden.

Felix las in mir wie in einem offenen Buch. Und verhielt sich entsprechend. Gab mir Halt, wenn ich ihn zu verlieren drohte. Tröstete mich, wenn ich Trost brauchte, machte mich stark, wenn mich Schwäche befiel, und zuversichtlich, wenn ich zweifelte. Er lebte mir vor, wie erfüllend es sein kann, das Hier und Jetzt zu genießen und alles andere auszublenden. Öffnete mir die Augen für den Schatz, den mir das Leben jeden Tag schenkte, ohne dass ich ihn als solchen erkannt hatte: Dass ich gesund erwachte, Ein- und Auskommen hatte, Familie, Freunde. Einen Gefährten wie Felix. Das ganze Kaleidoskop des kleinen Glücks, das in Wahrheit mein großes Glück war und ist.

Glück kann man nicht kaufen, nicht rauben, nicht herbeizwingen. Aber ein Pferd kann es einem schenken, einfach so, weil es von der Schöpfung mit der Gabe geadelt wurde, sich einzufühlen, intuitiv zu erfassen, wer wir sind und was wir für uns ersehnen. Und uns die geheimen Wünsche unserer Seele weitgehend zu erfüllen. Seit Platon und Sokrates teilen wir unser Denken in Für und Für mich. Für mich, das war es. Dafür begannen meine Tage um fünf Uhr, wenn meine Familie sich in ihren Betten noch reglos in weitere Stunden des Ruhens streckte. Dafür starb ich jeden Morgen einen frühen Tod.

Die Verhaltenspsychologie hat eine nüchterne Erklärung für die Magie der Pferde, diesen Zauber, der uns in seinen Bann zieht und nicht mehr loslässt: Indem wir unsere Wunschvorstellungen in unsere Pferde projizieren, all das, was wir gerne an Eigenschaften in uns hätten, aber nicht haben, schaffen wir mit ihnen eine Gegenvorstellung zu uns, ein menschliches Ideal. Die natürlichen Grenzen zwischen Mensch und Kreatur verwischen, ohne dass wir es wahrnehmen.

Der Mensch weiß, dass er ein Mensch, das Pferd aber nicht, dass es ein Pferd ist. Und lebt deshalb intuitiv, was für uns viel zu oft nur leere Worte sind, Ethik und Moral. Die Triebe, denen die Pferde folgen, sind Jahrmillionen alt und rein wie ein Bergquell. Egoismus und Falschheit sind ihnen fremd. Wem sie geben, dem geben sie aus vollem Herzen. Sie schmeicheln nicht und sie sind nie unehrlich. Sie lehren uns, wie wichtig Selbstkritik für uns ist und wie wertvoll schon ein wenig Demut sein kann. Entsprechend hoch ist ihre Erwartungshaltung an ihre Menschen. Nur wer sich als authentisch und vertrauensvoll erweist, erhält die Chance, als Alphatier akzeptiert und als Wesen geliebt zu werden. Letzteres ist die höhere Hürde. Wer meint, sie hintergehen zu können, absichtlich oder unabsichtlich, täuscht sich. Pferde enttarnen mit untrüglichem Instinkt jeden, der nicht ist, was er vorgibt zu sein.

Etwa eine Million Pferde leben derzeit in deutschen Ställen, so viele wie nie in den vergangenen siebzig Jahren. Gemeinsam haben sie die größte Seelenflucht des neuen Jahrtausends ausgelöst: Weg aus einer kalten, egoistischen Gesellschaft, für die selbst Nachbarn oft genug schon Fremde sind und die von allem den Preis, aber von kaum etwas den Wert kennt hin zum Wohlfühlpartner Pferd. Die Wirtschaft, über Jahrzehnte bestimmt vom Leitbild des den Nutzen maximierenden Egos, erkannte im Empathie-Genie Pferd eine wirkungsvolle Waffe gegen Burn-out und Mobbing, Selbstüberschätzung und Versagensangst und schickt ihre Manager bei ihm in die Schule. Die Reithalle wird zum Lehrsaal für den Urwunsch jeder Seele: verstehen und verstanden zu werden, zu mögen und gemocht zu werden. Pferde sind Persönlichkeiten wie wir, mit Gedächtnis, Gefühlen und Willen. Sie haben Bewusstsein wie wir. Für ihr Ich, ihre Erinnerungen, selbst für den eigenen Tod! Sie verspüren Schmerz und Freude wie wir, lieben ihre Kinder wie wir, trauern wie wir. Sie können in eingeschränktem Maße Gedanken verknüpfen, sie haben eine eigene Kultur und eine eigene Sprache. Sie sind also ebenso wenig tierisch dumm, wie der Mensch schöpfungsgegeben klug ist.

Vielleicht fragen sie deshalb nicht nach Status und auch nicht danach, ob jemand schön ist oder weniger schön, klug oder dumm, Frau, Mann oder Kind. Ob er zwei Beine hat oder vier, ob er im Rollstuhl sitzt oder sich im eigenen Learjet erhebt. Sie mögen jeden Menschen so, wie er ist, und weisen jedem den Weg zu sich selbst. Kein Weg ist dornengespickter als dieser. Aber nur der Weg zum Ich führt auch zum Wir.

5

Was du liebst, lass frei. Kommt es zurück,
gehört es dir für immer
KONFUZIUS

Die Natur ist so groß, weil sie uns lehrt, klein zu denken. Das erfuhren wir jeden Morgen, wenn wir in ihrem Schoß unterwegs waren, Felix und ich. Ihr Leben lebten, jenseits von Straßenschluchten und Großstadtgetriebe. Sonne, Regen, Wärme, Hitze, Kühle und Wind auf unserer Haut verspürten. Versunken in Zeit und Raum, eingehüllt von betäubender Leichtigkeit, gelenkt nur vom Geist der Schwerelosigkeit. Die Natur spricht und hört, duftet und riecht. Sie schillert in tausend Farben, und die Stille klingt in tausend Tönen. Sie wurde zum Quell für unsere Sinne. Felix war geblendet von ihrem furiosen Schauspiel. Wer sein Innerstes einmal verschlossen hat, kann es nur langsam wieder aufschließen.

Auch ich schloss mich neu auf. Wurde wieder Kind, versuchte, Baumarten zu erkennen und zu benennen, hatte eine blaue Zunge von den Schlehen und eine rötliche von den Brombeeren an den Büschen. Legte ein Ohr an die Erde, um das Gras wachsen zu hören, das Felix neben mir büschelweise abrupfte, und bestaunte auf dem Rücken liegend, wie sich die Wolken unterschiedlichster Gestalt und Größe auf dem blauen Laken des Firmaments hoch über mir ineinanderverschlangen. Nie war mir die Winzigkeit des Menschen bewusster als in diesen Momenten. Nahezu alles, war mir bis dahin wichtig und bedeutend erschienen war, wurde unwichtig und klein.

Wiederholt ertappte ich mich dabei, wie ich mein Leben hinterfragte. Meine Ideale, meine Werte, meine Prioritäten. Wem diente es, dem Guten, dem Nächsten oder einzig meinem Wohlergehen?

Womit auch die Frage nach meinem Umgang mit der Zeit eine andere Bedeutung für mich erlangte. Nichts ist wertvoller als Zeit, denn Zeit ist endlich. Jeder Tag mehr ist einer weniger auf dem Maßband des Lebens. Wir können mit unserer Zeit wuchern oder sie gewinnbringend nutzen. Zeit ist die Währung, die Lebensinhalt verzinst. Und wie viel hatte ich schon vergeudet, für Belangloses und Beliebiges, für sinnfreie Fernsehsehsendungen, den Streit um einen Kratzer im Kotflügel, fürs Warten und fürs Hoffen. Ich habe Zeit totgeschlagen und nicht bemerkt, wie sie mich dabei totschlägt.

Mit Antworten auf so existenzielle Fragen, scheint mir, verhält es sich wie mit der Wahrheit. So, wie es nicht eine Antwort auf jede Frage gibt, so gibt es auch nicht die eine Wahrheit, sondern so viele Wahrheiten, wie Menschen leben auf Erden, derzeit über sieben Milliarden. Jeder muss für sich die richtigen finden, auch für den Umgang mit seiner Zeit. Für mich habe ich sie gefunden. Ich kann meine Zeit weder verlängern, noch kann ich sie verkürzen, ich kann sie nicht verlangsamen, nicht anhalten, und schon gar nicht kann ich sie festhalten. Ich bin ihr ausgeliefert. Aber sie mir auch, indem nicht mehr sie über mich verfügt, sondern ich über sie. Ich arbeite, aber ich lebe auch. Liebe, lache, nehme und gebe. Genieße, was mich erhält, erhellt und erfreut, Felix an erster Stelle.

Er hatte mich stets Huckepack, aber er ging nicht unter mir. Wir gingen zusammen. Mal entschied er über den Weg und bestimmte die Gangart. Mal ich. So reifte er zu einem selbstbestimmten Wesen heran, tat, was er wollte, und machte dabei doch, was er sollte. Die Freiheit hatte ihm ihre Banden gezeigt, und seine hohe Sensibilität bewahrte ihn davor, sie zu übertreten. Angst und Unsicherheit waren Sanftmut und Heiterkeit gewichen. Manchmal schien er sogar über sich selbst zu lachen, etwa, wenn er mit spitzen Lippen einen Zweig mit Blättern von Busch oder Baum zupfte und ihn über sein dickes, gebrochenes Gummigebiss hinweg schmatzend klein machte, sodass sein Maul in sattem Grün erblühte.

Mittlerweile kannten wir jedes größere Gewächs mit Namen, das uns auf unseren Streifzügen begegnete, und ich konnte mich des Eindrucks nicht erwehren, dass diese uns auch längst persönlich begrüßten. Auch für Felix hatte die Zwiesprache mit ihnen ihre Faszination verloren, wie sein gleichgültiges Verhalten zeigte. Die Phase, in der es ihn nach mir verlangt hatte, weil ich nichts von ihm verlangte, ging ihrem Ende entgegen. Feuer lässt sich nun mal nicht in Papier wickeln. Jedoch, wer ins Feuer bläst, entfacht stets auch einen Funkenflug. Obwohl uns inzwischen viel verband, war Felix' Vertrauen in mich letztendlich immer noch nur ein Pflänzchen. Würde er erneut versuchen, mir unter dem Sattel wegzulaufen? Oder mich gar aus demselben befördern? Hoppe hoppe Reiter, wenn er fällt, dann schreit er … Hört sich lustig an und ist es vielleicht auch, aber nur, so lange man nicht selbst der ist, der fällt.
Ich wägte, wagte und riskierte dennoch nichts. Mal einen Galoppwechsel, ein kurzes Aufnehmen durch festeres Einsitzen, ein Seitengang im Trab, eine Hinterhandwendung im

Schritt. Nichts davon war Felix fremd und doch neu für ihn: Denn nun tat er freiwillig, was ihn Gewalt gelehrt und was er unter deren Joch zu tun nicht mehr bereit gewesen war. Felix war zum Pferd ohne Gestern geworden.

6

Glück bringt Freunde,
Not stellt sie auf die Probe
UNGARISCHES SPRICHWORT

Gleich und gleich gesellt sich gern. Ungleicher als Felix, Berta und Berthold konnten drei Tiere nicht sein. Ein Pferd schaute auf zwei Hunde herunter, zwei Zwerge blickten zu einem Riesen auf. Und doch waren die drei ein Herz und eine Seele. Das Auge macht nur das Bild, das Gefühl befindet darüber, ob es gegenseitig gefällt.

Berta war ein Dackelmischling mit strubbeligem Fell, O-Beinen, bei denen ich mich nicht nur einmal wunderte, wie sie auf denen überhaupt vorwärtskam, ohne sich permanent auf dieselben zu treten, und einem vorlauten Gesichtchen. Berthold war ihr Sohn und der Liebling aller. Etwas größer als Berta und angetan mit einem langen grauen Zottelfell ähnelte er eher einem Babybobtail als seiner Mutter. Wie Berta zu mir und wie wir beide zu Berthold gekommen sind, das wiederum ist eine eigene Geschichte mit allem, was dazugehört, Drama, Sex und Happy End.

Berta kam ebenso aus der Finsternis wie Felix. Sie war ausgesetzt worden, im tiefen Winter, nachts, an einer vierspurigen Straße. Passanten fanden sie, völlig verstört. Ihre Hilflosigkeit, die sie auf der Stelle hatte ausharren lassen, hat ihr das Leben erhalten. Die Autos sind sehr schnell unterwegs auf dieser Straße. Mitleidige Hände betteten das zitternde Bündel in eine breite blaue Plastiktasche und trugen es, wie ein Känguru sein Junges im Beutel trägt, zu einem Tierarzt ganz in der Nähe. Ein bescheidenes Schildchen an der Tür wies auf Praxis und Klinik.

Der Zufall gehört niemanden, schlägt sich aber hin und wieder auch auf die richtige Seite. Berta hatte beim Tierarzt von Felix Aufnahme gefunden. Mit vor Zorn bebender Stimme, gefolgt von Tönen tiefer Enttäuschung, berichtete er mir am Telefon von seinem Findelhund und ließ keinen Zweifel daran, dass Berta ein Leben im Tierheimzwinger und mich ein schlechtes Gewissen erwartet, sollte ich seiner Bitte nicht folgen und sie zu mir nehmen. Wie konnte ich da Nein sagen. Ehe er uns beide aus seiner Praxis verabschiedete, wies er auf eine Narbe, die sich wie ein feiner Strich an Bertas Bauch entlangzog, und erklärte mir dazu geradezu gönnerhaft: »Das Mädel ist sterilisiert. Also, falls mal was passiert, sei unbesorgt: Da kann nichts passieren.«

Das Passieren trat noch schneller ein als das Besorgtsein. Und das ausgerechnet mit dem Königspudel des Nachbarn, einem hoffärtigen Schönling, der das aufdringlich-süßliche Parfüm seines Frauchens verströmte. Berta schien es geradezu zu berauschen. Zum Äußersten bereit erwartete sie ihn auf der obersten der drei Treppenstufen, die zu unserem Haus führten. Er, nicht dumm, postierte sich zwei Stufen unter ihr und glich so den Größenunterschied weitgehend aus.
Bei mir war eine Konferenz ausgefallen, weshalb ich unfreiwillig Zeuge einer Zeugung wurde, von der ich freilich nichts ahnte. Weshalb ich mich kaum jemals im Schrecken so gefreut habe wie nun für meine kleine Berta. Bis sie 65 Tage danach nachmittags rasch hintereinander fünf gesunde Babys gebar, eines hübscher als das andere. Zwei davon waren allerdings hellbraun und glichen weit mehr dem Dackel von gegenüber als dem Pudel von nebenan. Ihren Erstgeborenen haben wir behalten, Berthold.

Große Tiere wie Felix waren beiden nicht fremd. Wir fuhren oft hinaus aufs Land und machten lange Spaziergänge auf schmalen Wegen zwischen hoch eingefriedeten Wiesen, auf denen Kühe und auch einige mächtige Ochsen die Sommerfrische genossen. Achtete ich nicht auf sie, huschten sie wieselflink unterm Zaun durch, hielten aber stets auch gebührenden Abstand zu allem, was Hörner trug. Selbst Ochsen können richtig wild werden, auch ohne rotes Tuch, wie Berthold eines um den Hals trug. Er war ohnehin ein Hasenfuß, Berta dagegen eine Kampfmaus, was eines Tages auch der Briefträger schmerzhaft zu spüren bekam. War außer den Hunden niemand daheim, machte er sich ein Vergnügen daraus, Berta zu ärgern, indem er die Post so lange durch den Schlitz im unteren Teil der Tür hin und her zog, bis sie entnervt danach schnappte. Bis eines Tages sein Gummifinger mit etwas Blut daran neben einem mit Bissen übersäten Kuvert lag. Von da an blieb unsere Post unversehrt.

Zwischen Felix, Berta und Berthold hingegen entspann sich bei jeder Begegnung ein entspanntes Begrüßungs- und Zärtlichkeitsritual. Es startete mit dem großen Schnüffeln, jeder an jedem. Man nahm sich Zeit füreinander, und für den Höhepunkt noch ein bisschen mehr: Mit ihren fixen Zünglein brachten Berta und Berthold die feine Haut zwischen Felix' Nüstern so lange und so voller Hingabe zum Kribbeln, bis der Hengst orgastisch blubberte, sodass die Schlappohren beider Hunde im Windkanal zwar nicht flatterten, aber doch leise in Bewegung gerieten.

Ritt ich mit Felix im Schritt eine Aufwärmrunde, tippelten B&B hinter uns drein, bei Felix raumgreifendem Vorwärtsdrang ein sportliches Unterfangen für beide. Und ein Bild wie im Comic: Berta folgte auf Felix, die Nase an seinen Schweif gereckt, Berthold auf Berta, seine Nase an ihrer

Rute. Ritt ich im Außenviereck oder in der Halle, ließen sich beide Hunde am Eingang nieder und folgten Felix und mir synchron mit ihren Köpfen. So waren wir nicht eine Sekunde unbeaufsichtigt. Klopfte ich Felix nach der Arbeit den Hals, war die hündische Ruhe passé. Wie Raketen schossen B&B aus dem Stand mit schrillem Freudengejohle auf Felix

zu. Kopf runter, Küsschen, Küsschen und sodann in bekann-
ter Formation ab nach Hause.

Der manchmal etwas mürrische, aber grundsätzlich gutmü-
tige Mischlingshund des Stallbesitzers war ihnen nicht wirklich wohlgesonnen und demonstrierte das auch gelegentlich,
in dem er seine Nackenhaare aufstellte wie ein Igel seine
Stacheln und dabei tief und drohend brummte. Die Botschaft war klar. Aber er hatte sich immer im Griff, bis ihn
eine günstige Gelegenheit eines Tages doch verlockte, zu zeigen, wer Herr ist auf dem Hof. Berta und Berthold dösten
in der Sonne, Felix graste in weitem Abstand an der Longe.
Und ich hockte im Gras und blätterte in einem Magazin.
Landleben, beschaulich wie auf einer Postkarte.
Bis der kniehohe Hofhund um die Ecke bog. Ich sah ihn aus
den Augenwinkeln. Aber noch ehe ich reagieren konnte,
agierte er. Flog mit gewaltigen Sätzen auf Berta und Berthold zu, einem schwarzen Flughund gleich. Aber er hatte
die Rechnung ohne Felix gemacht. Der fuhr herum wie eine
Furie, machte einen Schwanenhals und stürzte ihm mit an-
gelegten Ohren entgegen. Damit hatte er nicht gerechnet.
Als Löwe losgesprungen, machte er nun mit eingezogener
Rute den Hasen. Worauf sich Felix zufrieden wieder den
Gräsern zuneigte, die ihm in Fülle ins Maul wuchsen. Liebe
war für ihn nun auch eine Tat geworden, na ja, fast …

7

Das Fenster ist der Augen Tür
UNBEKANNTER DICHTER

Die Sonne bescheint nur den, der sie sucht. Felix musste sie nicht suchen. Sie suchte ihn. Und erreichte ihn doch nicht. Dicke Glasbausteine, in den Ausmaßen eines großen Fensters in die Mauer auf der Südseite des Stalles eingelassen, hielten sie von ihm fern. Ein aus der Zeit gefallenes Relikt der Architektur. Das wollte ich ändern, was ohne die Zustimmung des Stallbesitzers nicht möglich war. Ich versuchte es mit Humor: Sind die Kunst oder können die raus? »Und stattdessen?«, fragte er lauernd. »Nicht, dass es im Stall plötzlich zieht oder hineinregnet.« Was er sagte, war nicht, was er meinte. Was er meinte, war: nicht, dass ihm Kosten entstehen. Er war ein Geizhals aus Leidenschaft und pflegte dieses Image auch. Der Spott, dass er es sogar schaffe, auf den Cent zu spucken, ohne den Rand zu treffen, war das sympathischste Kompliment, das man ihm machen konnte.

Kosten waren durchaus entstanden, 200 D-Mark, aber die hatte ich bezahlt, an einen mir bekannten Klempner. Stolz präsentierte ich dem Stallbesitzer, was ich dafür von ihm erhalten hatte: einen passgenauen weißen Metallrahmen, ausgefüllt von einer Plastikscheibe, der das Loch, das die fehlenden Glasbausteine in der Mauer hinterließen, bei ungünstigem Wetter verschließen konnte. Das Werksstück des unbekannten Meisters fand sofort die Zustimmung des Stallbesitzers. Schließlich war es nicht nur gratis für ihn, es erhöhte auch die Attraktivität seines Gebäudes. So ist das oft im Leben: Wer etwas will, muss etwas geben. Und wer schon etwas hat, bekommt meistens noch etwas dazu.
Nun galt es, die Bedingungen zu schaffen, damit der Rahmen montiert werden konnte. Aus zwei linken Händen

wurden zwei flinke Hände. Mit einem schweren Vierkant-Hammer, der wuchtig auf einem kurzen Stiel saß und den ich extra für diesen Zweck im Baumarkt erworben hatte, drosch ich mit all meiner Kraft und voller Begeisterung an der Zerstörung auf die Steine ein, von innen, versteht sich. Das Glas zerplatzte mit lautem Knall und regnete auf die Pflastersteine hinunter, wo es sich klirrend zu einem gläsernen Berg vereinigte. Einige Splitter blieben im Mauerwerk stecken, spitz wie Dolche, andere flogen mir wie Pfeile um die Ohren, prallten aber an meiner dicken Arbeitskleidung ab, die mich einhüllte wie eine textile Rüstung. Ein Wollschal vor Nase und Mund, eine Schweißerbrille über den Augen und lederne Stulpenhandschuhe über den Händen bewahrten mich auch hier vor Verletzungen, was ich freudig als neue Erfahrung registrierte.

Denn bei meinem Geschick für alles Handwerkliche hatte ich mir bis dahin zuverlässig wie eine Schweizer Uhr grundsätzlich auf die eine oder andere Weise körperlichen Schaden zugefügt. Also: Ohne Blutvergießen ging es eigentlich nie ab. Aber, noch war ich ja nicht fertig mit meinen Umbauarbeiten.

Der Scherbenhaufen musste abgetragen, die freigelegten, rohen Mauersteine mussten weiß gestrichen, die Schraubenlöcher für die Halterung der Außenklappe gebohrt werden. Zu diesem Zweck hatte ich mir von einem Heimwerkerfreund eine Maschine geliehen, und, voll des berechtigten Misstrauens, auch erhalten. Sechs Löcher brauchte ich. Einige mehr sind es geworden, bis jeder Dübel und jede Schraube exakt den Ort ihrer Bestimmung gefunden hatten.

Die in zu engem oder zu weitem Abstand gebohrten Löcher habe ich sorgsam zugespachtelt und überstrichen. Mein Dilettantismus sollte ohne stumme Zeugen bleiben.

Felix sah mir von der angrenzenden Weide aus zu, als Zaun-Gast, während ihm das Gras knöcheltief um die Beine wogte, als rage er aus den Wellen eines grünen Ozeans empor. Was ihn wohl mehr in meiner Nähe hielt, Amüsement oder Mitleid? Pferde sind zwar keine solchen Blitzbirnen wie manche Menschen, aber logische Vorgänge aneinanderzureihen, um ein Ziel zu erreichen, dafür reicht ihr Denkvermögen allemal. Nichts anderes versuchte auch ich seit Stunden.

Konnte Felix meinen linkischen Aktivitäten nicht mehr mitansehen, trabte er mit Riesentritten davon, als wolle er die Wiese vermessen. Seine Muskeln schwollen zu festen Strängen und schoben sich gegenseitig, sein Kopf reckte sich hochnäsig in den Wind, als dürste es ihn nach ihm. Oder er stob im ausgelassenen Galopp los und schnellte im vollen Lauf wie ein Delfin aus dem Grün empor, um mit einem lauten Rumpler wieder darin zu versinken. Im siebten Himmel braucht man keine dämpfenden Hausschuhe.

Es war später Abend, als auch die letzte Schraube mithilfe eines Schlüssels eingedreht war. Der Rahmen saß auf der Maueröffnung, als sei er ihr entwachsen. Das hässliche schwarze Loch war einem ansehnlichen Gesicht aus Blech und Plastik gewichen. Rasch noch die Probe aufs Exempel. Ich hakte die Klappe über dem Fenster los, und tatsächlich, sie fiel herunter ... Alles dicht. Das Projekt »Fenster für Felix«

war beendet. Frohgemut fuhr ich nach Hause, um meiner Frau von meiner Großtat zu berichten. Statt ihrer erwarteten mich Dunkelheit und Stille. Meine Frau war bereits zu Bett gegangen. Ein bisschen enttäuscht schlich ich zum Kühlschrank. Ein Bier sollte mich trösten. Und belohnen. An der Tür klebte ein kleiner Kalender. Das Datum dieses Tages war rot eingekreist.

Ich hatte unseren Hochzeitstag vergessen.

8

Wir können die Schutzengel nicht sehen,
aber es reicht ja, wenn sie uns sehen
SPRICHWORT

Pech ist das Glück, das man nicht hat. Felix lahmte, der Vorderhuf pulsierte und war warm. »Hmm«, brummte unser Tierarzt. Und nach dem Vortraben an der Hand noch einmal: »Hmmm.« Als müsste er für jedes ganze Wort Steuern zahlen. »Könnte ein Hufgeschwür sein.« Was sich schlimm anhört, ist nicht schlimm: Bei einem Hufgeschwür sammelt sich Eiter unter dem Horn und drückt gegen die Hufsohle. Mit einem Schnitt mittels eines kleinen, scharfen Spezialmessers öffnete der Tierarzt die Hornhaut der Sohle einen schmalen Spalt, um den Eiter mit einer XXL-Kneifzange herauszudrücken.

Damit wäre die Lahmheit beendet gewesen. War sie aber nicht. Es trat kein Eiter aus. Die Mimik des Doc verfinsterte sich. Was war passiert mit Felix? Mein Hirnspeicher wusste keine Antwort. Der Doc scheinbar schon, aber er behielt sie für sich, sagte, während er seine Tasche packte, lediglich: »Morgen um acht bei mir, zum Röntgen. Seid pünktlich, dann müsst ihr nicht warten.« Und weg war er. Tierärzte sind ja ohnehin recht eigene Charaktere, jedenfalls die, die ich kennenlernen durfte, aber der Doc war ein noch bisschen eigener. Kantig, kauzig, knorrig. Und noch sturer als ein Esel.

Ich wusste, dass er Diagnosen scheut wie der Teufel das Weihwasser, bis er seiner Sache absolut sicher ist. Und das ist ja auch gut so. Ich wusste aber auch, dass er keinesfalls ohne Notwendigkeit teure Gerätemedizin einsetzt, wie die Beutelschneider unter seinen Kollegen das gerne taten. Der Sorge ausgeliefert, die ohne Unterlass mit spitzen Zähnen in mir nagte, verbrachte ich eine unruhige Nacht. Ich bin sicher, dass dem Doc das bewusst war, schließlich kannten wir uns lange und gut. Aber es beschwerte ihn nicht. Nicht, weil er besonders hartherzig gewesen wäre oder gar gleichgültig. Sondern weil er mich nicht beunruhigen und sich keine Vorwürfe machen wollte, sollte er sich geirrt haben. Jeder irrt sich mal, so wie jeder seine Eigenheiten hat. Dafür durfte er sich guten Gewissens eine Koryphäe nennen, was ihm seine Bescheidenheit allerdings verbot.

Noch mehr imponierte mir sein großes Herz gegenüber älteren Menschen mit kleinen Einkommen oder schmalen Renten, die ihn für ihre erkrankten Haustiere um Hilfe baten und die mit nichts bezahlen konnten außer mit ihrer Dankbarkeit. Ihre Haustiere, zumeist Hund, Katze oder Kanarienvögel, waren ihr Lebensinhalt geworden, ihre Vertrauten. Halt, Tröster oder Trauerhilfe, weniger für fehlende Menschen, mehr für fehlende Menschlichkeit. Der Doc behandelte sie alle, umsonst und doch nicht ganz gratis. Er verlangte jeweils eine kleine Tüte Gummibärchen als Honorar. Gummibärchen waren seine Leidenschaft und eine Befreiung für all diese Menschen, denen sie das erniedrigende Gefühl ersparten, Bittsteller zu sein.

Der Tag danach, acht Uhr früh. Arglos folgte mir Felix an einem geflochtenen Strick, der ihn am Lederhalfter hielt, in den Behandlungsraum, der vorher die Reparaturwerkstatt einer Tankstelle beherbergt hatte. Nun wurden hier Pferde »repariert«. Auch okay. Allerlei medizinische Gerätschaften standen herum. Der Doc dirigierte uns zur rechten Außenwand. Ein armdicker, etwa eineinhalb Meter langer, metallisch glänzender Eisenbogen, der beidseitig aus dem Boden wuchs, stand schräg zu ihr. Er reichte mir bis zur Hüfte. Der Doc hatte ihn an einer Seite aus seiner Verankerung gelöst und zur Seite geschoben, um den Weg für Felix frei zu machen. Der Bogen hatte die Aufgabe, Felix vor der Wand einzurahmen, damit er während der Untersuchung nicht ausweichen konnte. Als er sich mit dem Bogen auf ihn zu bewegte, gingen ihm die Nerven durch. Und mit ihnen die Beine. Panisch hüpfte er auf dem gefliesten Fußboden von einem Bein auf das andere, als tanze er auf heißen Kohlen, verlor dabei den Halt und rutschte mit dem Kopf voran bis hinter den Widerrist unter den Metallbogen. Hätte er sich aufgebäumt, der Bogen hätte ihm wohl den Rücken gebrochen.

Mein Herz hämmerte und presste das Blut wie einen reißenden Fluss durch meine Adern. Hinter meinen Schläfen wummerte es. Intuitiv suchten meine Hände Felix' Kopf und seine Nüstern. Ich musste ihn ruhig und auf der Stelle halten und hatte dafür nichts zur Verfügung außer meiner Stimme. »Guuuut, Felix, guuut, alles guuut«, flüsterte ich wie in einer Endlosschleife. Zum Angsthaben war keine Zeit. Der Doc war indessen auf die andere Seite des Bogens gewechselt und hatte seine Arme von unten wie Hebel um das Metall geschlossen. Ein fragender Blick zu mir: Fertig? Ich verstand, nickte, und hau ruck, drückte er den Bogen hoch und zur Seite. Felix war frei, wir alle drei erlöst.

Wunder sind Geschöpfe der Einbildung. Dennoch gemahnte es mich wie ein solches. Bewegt neigte ich mich Felix zu, und so standen wir reglos Stirn an Stirn. Ich war einfach nur dankbar, der Schockstarre, dem Doc, dem Eisenbogen, dem Schicksal. Allen und allem. Dem Doc erging es nicht anders. So innerlich aufgewühlt hatte ich diesen abgeklärten Tierarzt nie erlebt. »Wahnsinn, dieses Pferd«, brach es aus ihm heraus, während er Felix anerkennend über den Hals strich. »Hätte ich es nicht selbst miterlebt, ich würde nicht glauben, dass ein Tier so viel Vertrauen haben kann.« Der Zufall hatte sich in einen Schutzengel, das Pech in Glück verwandelt. Irgendwie doch tatsächlich eine Art Wunder, oder nicht.

9

*In jedem Verrat liegt am Ende
doch ein guter Rat*

PETER E. SCHUMACHER

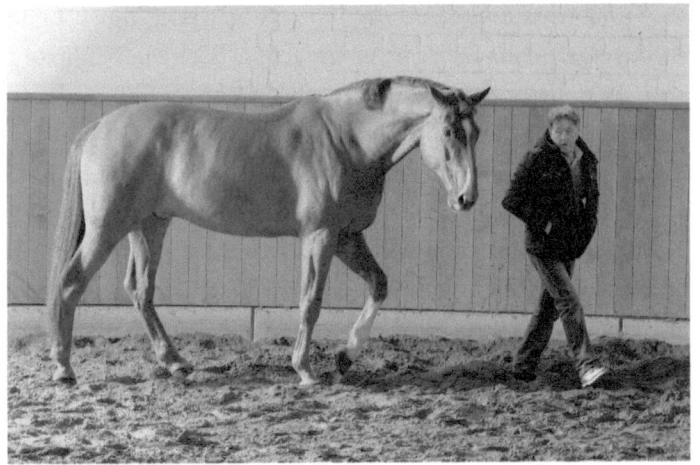

Egon und ich sind Freunde über Jahrzehnte. Mit Egon kann man Pferde stehlen. Es sei denn, ich hätte tatsächlich Pferde mit ihm stehlen wollen. Egon hat Angst vor Pferden. Und damit ja keiner auf die Idee kommt, ihn vom Gegenteil überzeugen zu wollen, begegnete er jedem Gespräch zum Thema mit einer abwehrenden Handbewegung, die einherging mit dem immer gleichen Satz: »Pferde haben gelbe Zähne und sind auch hinten gefährlich!« Sprach's, glaubte es und grinste versöhnlich. Wozu man wissen muss: Egon ist Bayer. Und als Bayer ist er ein echter Bazi, ein Schlitzohr also. Was besonders deutlich wird, wenn er mich wegen meines Faibles für Felix zu veräppeln versuchte. Dazu bediente er sich seines angeborenen Münchner Dialekts. Diesen versteht bei Weitem nicht jeder, schon gar nicht jeder Norddeutsche, aber jeder verstand, was gemeint war mit Spitzen wie »Reiten kannst net, aber s' schaugt lustig aus.« Wirklich gram war ich ihm deshalb nie, zumal man über Egon immer lachen kann, wenn nicht über seine Witze, dann über sein Idiom. Worüber er dann wiederum lachen kann.

Aber es gibt auch Tiere, die uns verbanden und die ebenfalls vier Beine haben, kürzere allerdings. Hunde, Sie ahnen es. Egon nannte einen Dalmatiner sein Eigen, der seiner Rasse als Model auf dem Laufsteg jede Menge Bewunderung eingeschritten hätte, Jimmy. Fragte man Egon nach Jimmys Charakter, kam er mit fünf Worten aus: »Wia da Herr, so's Gscherr.« Was man etwa so übersetzen kann, dass er in seinem Hund sein Spiegelbild sah. Und in der Tat: Sah ich Jimmy, sah ich Egon und alles, was ihn ausmachte. Was mich stark verunsicherte, zog es doch die Frage nach sich, ob Pferde auch solche Judase sind wie Hunde und mich mein Felix ebenso hemmungslos bloßstellt wie Jimmy seinen Egon?

Zeig mir dein Pferd, und ich sag dir, wer du bist! Pffffff!

Da ich Felix während des Reitens schlecht selbst beobachten konnte, von oben herab sozusagen, um ihn gegebenenfalls in flagranti zu ertappen, sollte er mich tatsächlich öffentlich vorführen, ließ ich meine Augen anderweitig schweifen. Und war heilfroh, dass mir der Anblick von Felix und damit der Blick auf mein Ebenbild erspart blieb, denn, Sie mögen es glauben oder nicht:

Pferde sind noch haltlosere Plaudertaschen als Hunde, mehr noch: Sie sind gefährlich ehrliche Doubles, die mit Sinnesfreude und Hingabe nachahmen, was wir ihnen vormachen und vorleben. Benehmen, Habitus, Mimik, Gestik, die Art, wie wir uns bewegen, sie kopieren einfach alles und in allem so perfekt, als hätten sie ihre Auftritte vor dem Spiegel eingeübt. Als ob das nicht schon mehr als peinlich wäre, scheuen sie sich auch nicht zu offenbaren, wovon so mancher Mensch verständnisvollerweise lieber schweigt: seinem wahren Wesen, dem gut versteckten Ego. Und das gänzlich ungeniert, jeden Tag, in jeder Reithalle, auf jedem Reitplatz, selbst im Busch. Egal, ob wir persönlich im Sattel sitzen oder daheim auf dem Sofa. Oder sonstwo. Den Pferden sind wir immer gegenwärtig und durch sie jedem ihrer Betrachter immer präsent.

Man braucht nicht viel Fantasie, man muss nur bewusst hinsehen, und schon ist man mittendrin im Menschenzoo, erblickt oder verspürt die Blasiertheit von Bussi-Bussi-Baronessen ebenso wie das aufwendige Muskelspiel maskuliner Kraftmeier und die Gletscherkälte englischer Fräuleins. Erkennt in Benehmen, Gang und Haltung entspannte Heiterkeit und überspanntes Mittelmaß, weltmännische Eleganz, ländliche Unkompliziertheit, jugendliche Zickigkeit, paramilitärische Zackigkeit und kindliche Unbefangenheit. Sieht Pferde, deren Körpersprache von Übellaunigkeit ihrer Besitzer kündet, von kleinlicher Hast, Verbissenheit und Ungeduld, aber auch solche, die von Herzlichkeit erzählen und mit Charme und Liebreiz kokettieren.

Ein Kessel Buntes der Charaktere, Meute und Beute ihrer Pferde allesamt. Und ich mit meinem Judas mittendrin! Dabei sagt man doch von Pferden, sie seien ohne Arg und auch ohne niedere Beweggründe. Wenn das zutrifft, warum outen sie uns dann vor aller Augen so, wie wir uns nur ihnen offenbaren?

Eben drum.

10

Geduld, mit der Zeit
wird aus Gras Milch
CHINESISCHE WEISHEIT

Der Weg in Felix' Zukunft führte über seine Vergangenheit, zurück in die Reithalle. Wer an die Quelle will, muss gegen den Strom schwimmen. Die Macht des Unbewussten ritt mit. Bei Felix als Golem, bei mir als Warnung vor demselben. Ein guter Reiter hört sein Pferd, wenn es zu ihm spricht, ein sensibler hört es sogar flüstern, haben die Reitmeister vergangener Tage in ihren Schriften hinterlassen, als Pferd und Reiter sich noch bedingten. Pferde sprechen mit den Augen, den Ohren, dem Nacken, mit ihrem Schweif. Sie heben, drehen oder senken ihn, prusten, schnauben, tänzeln. Werfen sich in die Brust oder lassen sich gehen. Erhaben wie ein Ritter oder verloren wie Rosinante. Versteifen sich, wenn Angst oder Unsicherheit sie überkommen. Lassen ihre Augenbindehaut rötlich schimmern, wenn sie sich aufregen, blinzeln, wenn sie besonders aufmerksam sind. Schütteln mit dem Kopf, wenn ihnen etwas unangenehm ist, und knirschen mit den Zähnen, wenn Unmut in ihnen wütet, Futterneid in ihnen nagt, sie sich geknebelt fühlen. Steigen, wenn sie keinen Ausweg mehr sehen. Oder hämmern ihren Protest mit dem Huf in den Boden. Wer ihre Sprache erlernt hat, weiß immer, wie sie sich gerade fühlen. Und meist auch, wie sie gleich handeln werden.

Geduld und Gelassenheit wurden meine Verbündeten im Ringen um Felix' Zutrauen und sein Wohlwollen. Das hört sich einfacher an, als es war. Geduld mit mir selbst war mir bis dahin eher fremd. Felix sorgte dafür, dass sie zu meiner ständigen Begleiterin wurde. Einen Be-Reiter akzeptierte er inzwischen, einen Be-Herrscher nimmermehr. Einem Seismografen gleich registrierte er meine tägliche Befindlichkeit und verzieh mir nicht einen Fehler. War ich abgelenkt, nervös oder zerstreut, zahlte er mit gleicher Münze zurück. Nahm ich es nicht wahr, nahm er mich nicht mehr wahr. Und zack, stand er. Und ich dann auch, neben ihm, weil nichts mehr ging. Das macht klein und demütig.

Indem wir uns gegenseitig respektierten und erzogen, wuchsen wir aneinander. Felix verspürte Spaß an der gymnastischen Arbeit. Sie machte ihn zum Athleten, gelenkig und geschmeidig wie einen Balletttänzer. Hinterbein und Rücken schwangen zunehmend mehr und erlaubten mir einem tiefen, unabhängigen Sitz im Pferd. Felix mied das Unangenehme und genoss das Angenehme. Was einer gerne tut, ist wohlgetan. In Sternstunden genügte das Gefühl als Vermittler zwischen uns. Der eine dachte, der andere machte. Einmal verspürt, bleibt es das meist unerreichte Ziel steten Strebens. Was in der Zusammenfassung mühelos wie ein Spazierritt erscheint, war in der Realität eine unablässige Achterbahnfahrt. Heute himmelhoch jauchzend, morgen zu Tode betrübt. Was mich aufrecht hielt, war die Hoffnung, wiewohl sie oft genug kaum fürs Frühstück reichte.

Ein Coach wurde unabdingbar. Ich entschied mich für eine Frau, von der ich wusste, dass falscher Ehrgeiz nicht zu ihren herausragenden Eigenschaften zählte. Felix galt ihr alles, ich vergleichsweise wenig. Und, welch Glück, er mochte sie auch, freute sich, wenn sie kam, und zeigte sich enttäuscht, wenn sie ging. Und das wollte bei ihm etwas heißen. Er war sehr zurückhaltend mit seiner Zuneigung. Wer ihm fremd war, dem blieb er ein Fremder.

Aber es gab noch einen Grund, warum ich mich einer Trainerin anvertraute, und der hatte mit einer Eigenschaft zu tun, die in ihrem Geschlecht besonders ausgeprägt ist, Intuition, das feine Gespür von Frauen für die Gefühlswelt von Tieren. Was sie vor allem im Reitsport, und da vermehrt in der Dressur, überdurchschnittlich erfolgreich macht. Zudem war sie, obwohl berufsbedingt körperlich handfest, eine Person der leisen Töne. Felix kam das sehr entgegen. Er scheute Geschrei, wie es in Reithallen Usus war. Mich zwang das zu höchster Konzentration, zumal sie nichts zweimal sagte. Das sei Energieverschwendung. Ab und zu klingt sie mir noch heute im Ohr, und ich mir auch:

»Du galoppierst auf zwei Hufschlägen ... Schulter vor. Nein, nicht am inneren Zügel ziehen ... Äußerer Zügel, innerer Schenkel ... mehr. Komm, streng dich an ... Ist doch nicht so schwer zu verstehen, oder!«

Nein, zu verstehen nicht, aber zu tuuuun!

Und: »Zirkel! Du musst den Zirkel kreisrund reiten. Und kein Ei. Schau, so ... « Und schon marschierte sie los, in großen Schritten von einem Zirkelpunkt zum nächsten: »Nur dann ist dein Pferd gerade gerichtet und die Hinterhand nimmt Gewicht auf ... « Gerade gerichtet, auf einem Kreisbogen. Hä?

Bücher halfen mir zu verstehen. Aber einfach hatte es auch der Kopf nicht. Die sogenannten Bibeln der Reitkunst stammen ausnahmslos aus vergangenen Jahrhunderten. Entsprechend schwerfällig und umständlich ist ihre Sprache. Absätze wie dieser aus »Gymnasium des Pferdes« von Gustav Steinbrecht wurden zum Hürdenlauf für meine Auffassungsgabe: »Steigern wir nun das Abführen der auswändigen Schulter von der Bande so weit, dass die inwändige Schulter gerade vor die inwändige Hüfte gerichtet ist, so bedingt dies den ersten Grad von Rippenbiegung, wenn nicht ein Ausfallen des auswändigen Hinterfußes dadurch entstehen soll. Diese Richtung des Pferdes, welche die Grundlage aller gebogenen Linien auf einem oder zwei Hufschlägen bildet, bezeichnen wir ein für alle Mal mit dem Ausdruck Schulter vor.«

Konnte ich folgen, folgte ich folgsam …

Andere Folianten demonstrierten mir anhand von Zeichnungen, wie und wo ich im Sattel zu sitzen hatte, im Mittelpunkt nämlich, exakt dort, und nur dort. Nicht auf den Schenkeln. Auf dem Po. Breit und platt. Platsch. Und das, bitte schön, in der Bewegung des Pferdes. Kein Takt ohne gemeinsamen Takt. Also: Nicht rutschen, nicht schwanken, nicht wackeln. Sitzen. Wie angewachsen! Als sei man ein Denkmal. Oder mindestens gerade verstorben. Was mich denn doch Überwindung kostete, wie jeder verstehen wird. Wer ist schon gerne lebendig tot.

11

Der abscheulichste Einbruch ist der in die Gefühle eines Menschen

MARIE VON EBNER-ESCHENBACH

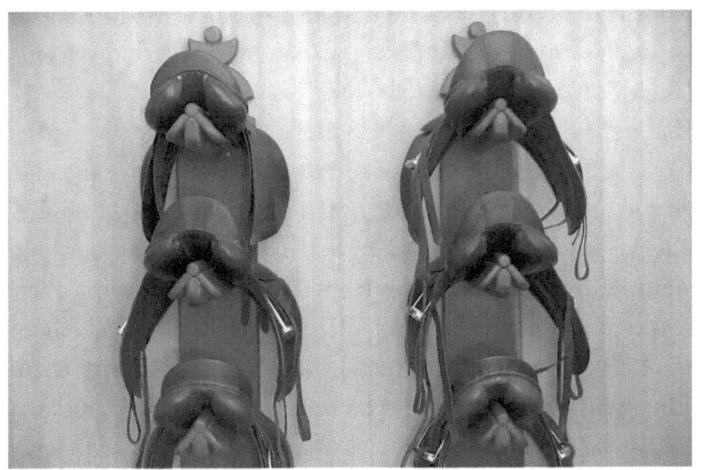

Einbrecher sind Seelenräuber. Mit unserem Hab und Gut stehlen sie uns auch unsere Erinnerungen. Sie kamen nachts, und außer der dünnen Sichel des Viertelmondes hat sie niemand über die Weiden zur Reithalle schleichen sehen, die sich flach in die Landschaft duckte und dehnte. Polizisten mutmaßten am Morgen aufgrund kaum noch erkennbarer, aber tiefer Fußabdrücke, dass es Männer waren, zwei Männer, und dass sie im Auto gekommen sind. Abdrücke der Reifen verrieten, dass es ein VW-Transporter gewesen sein muss und dass er an einem nahen Feldweg entlang der Koppeln abgestellt war.

Ziel der Finsterlinge war die Sattelkammer im Stall von Felix. Die Pferde haben sie garantiert bemerkt, noch ehe beide zu ihnen hineinhuschten, um sich mit dem Dunkel im Gebäude zu vermischen. Niemand und nichts ist so wenig wahrnehmbar, dass ein Pferdeohr es nicht wahrnimmt. Pferdeohren schlafen nie. Und Pferdeaugen sehen auch dann noch gut, wenn wir Menschen längst nichts mehr sehen. Eine fluoreszierende Lichtschicht hinter ihrer Netzhaut lässt sie auch das schwärzeste Schwarz durchdringen. Es entspricht ihrem Naturell, dass Pferde auch Alarm schlagen, durch Schnauben oder Wiehern. Oder durch beides. Aber Stallbesitzer und Personal wohnen und schlafen auf der anderen Seite des weitläufigen Gehöfts und damit außer Hör- und Sichtweite.

So entging ihnen auch das ölgedämpfte Quietschen von Blech, als die Einbrecher die gebogene Nase einer Brechstange im Schein von Taschenlampen zwischen Rahmen und Schloss der Eisentür zwängten, welche die Sattelkammer sicherte. Ein Ruck mit dem Stemmeisen, die Tür schlug auf, und vor ihnen lag ein Juwelierladen in Leder. Acht Sättel einer renommierten Marke hingen griffbereit auf passgerechten roten Stahlhalterungen, dazu jeweils ein Gelkissen, weiße Schabracke, Trense und Kandare, jede Garnitur über 5000 Mark teuer. Und doch unbezahlbar.

Die beiden Schatten in der Nachthelle gehörten zu einer organisierten Bande, die vor der unseren bereits zwanzig Sattelkammern anderer Reitställe geplündert und das komplette Diebesgut über Polen verschoben hatte. In zwei großen Strohschubkarren mit hohen Seitenwänden rollten sie nun erneut zu ihrem Transporter, was ihnen nicht gehörte.

Für die Einbrecher war es nur Beute, namenlos, gesichtslos, ohne Geschichte. Den Besitzern jedoch haben sie damit weit mehr entwendet als nur Leder. Sie haben ihnen ein Stück ihrer Privatheit mit ihren Pferden gestohlen. Wie tief sie einen Menschen damit verletzen können, wurde mir erst angesichts der Tränen einer Stallnachbarin vor dem leeren Sattelhalter bewusst. Die Frau war so sehr in sich versunken, dass sie mich zunächst nicht wahrnahm. Nun habe sie nur noch Winnie, hörte ich sie klagend zu sich selbst sprechen. Sie war nicht mehr jung, eher kleiner, dabei damenhaft zierlich, mit einem puppenhaft hübschen, nahezu faltenlosen Gesicht. Ihr graues Haar war zur Dauerwelle gelockt. Wir kannten uns nur flüchtig. Zu Pferd war mir die Frau noch nie begegnet. Ich sah sie immer nur mit einem Brotbeutel am Arm, aus dem sie Winnie mit hartem Toast verwöhnte. Winnie war der braune Wallach in der Box neben der Eingangstür, mit 18 Jahren der Senior hier. Hätte ich nicht gewusst, wie alt er ist, hätte ich ihn auf 14 geschätzt, höchstens 15.

Der Sattel habe ihrem Sohn gehört, so wie Winnie auch, erzählte mir die Frau. Er sei ihre Überraschung für ihren Sohn gewesen, ihre Gratulation zum Kauf von Winnie. Sie habe Winnie gleich gemocht, aber ihr Sohn noch sehr viel mehr. Das Pferd sei sein Ein und Alles gewesen. Als Buchhalterin sei sie ja keine reiche Frau. Aber sie hätte Geld aus einer kleinen Lebensversicherung erhalten und einen Teil davon für den Sattel verwendet. Am Sattelrücken hatte sie ein kleines Messingschild anbringen lassen, auf dem in Schreibschrift festgehalten war, was sie mit ihrem einzigen Kind verband, das sie allein großgezogen hat: *Für das Licht meines Lebens.*

Nun sei dieses Licht schon im zehnten Jahr erloschen. Herzinfarkt! All ihre über den Verlust ihres Sohnes aufgestaute Verzweiflung, die ganze Hilflosigkeit einer Mutter gegenüber der Allmachtspranke des Todes bündelten sich in diesem einen Wort. Die Zeit heilt nicht alle Wunden, sie lehrt uns aber, mit dem Unfassbaren zu leben. Um zu veranschaulichen, welches Bild dazu sie wieder und wieder einholt, zu Hause, bei Winnie, selbst im Schlaf, griff sich die Frau mit der rechten Hand an die linke Brustseite. Ihr Sohn sei vom Schreibtisch aufgestanden und umgefallen. Er sei sofort tot gewesen, habe der Notarzt gesagt und, wohlmeinend mit der Mutter, hinzugefügt: Er hatte einen schönen Tod.

Zunächst sei sie sehr wütend gewesen über diesen Trost. Sie habe ihn als Geschmacklosigkeit empfunden. Monate später erst habe sie den wahren Inhalt der Botschaft verstanden und Dankbarkeit verspürt. Aber kein Verständnis. Wie auch. Ihr Sohn sei noch keine 40 Jahre alt gewesen. Und so erfolgreich in seinem Beruf. »Er war Banker, müssen Sie wissen.« Darauf war sie stolz. Und er war ein Gipfelstürmer. Sein Wille und seine Arbeitswut auf dem Weg nach oben sprengten jede Grenze. Das Übermaß wurde sein Maß. Winnie sei seine Krafttankstelle gewesen.

Sein Engagement brachte ihm viel und kostete ihn alles. Im Tod wurde der junge Banker Beispiel für die ganze Tragik einer gehetzten Gesellschaft und deren oberflächliche Ziele. Zurück blieben seine Mutter und sein Pferd. Nie hätte sie Winnie verkauft. In Winnie lebe ihr Sohn weiter, nur wegen Winnie sei auch sie noch auf der Welt. Jeden Tag kommt sie in den Stall, spricht mit Winnie und schaut ihm von einer verwitterten Holzbank aus zu, wenn er auf der Koppel weidet. Ein unsichtbares Band umschlang die Frau und das Pferd, verband das eine Dasein mit dem anderen. Zweimal die Woche durfte ein zehnjähriges Mädchen Winnie reiten. Das erfreue beide, vertraute mir die Frau an und wirkte dabei selbst glücklich. Winnies Unterhalt habe sie bisher aus der Hinterlassenschaft ihres Sohnes bestritten. Nun sei das Geld aufgebraucht. Aber sie habe etwas gespart, und das Ersparte werde sie nun für Winnie verwenden. Sie sei jetzt 75 Jahre alt und habe ausgerechnet, dass es noch für mindestens acht Jahre reiche. Auch einen Letzten Willen habe sie verfasst und bei ihrer Sparkasse hinterlegt. Darin habe sie festgelegt, dass Winnie sie beerbt, sollte sie vor ihm gehen. Den Sattel sollte das kleine Mädchen bekommen, als Erinnerung an Winnie. Und ein wenig wohl auch an sie. Aber nun?

12

Übe dich auch an Dingen,
an denen du verzweifelst

MARC AUREL

Wer ein Pferd hat, braucht auch einen Wagen. Nein, nicht, damit das Pferd den Wagen zieht. Damit der Wagen das Pferd zieht, zum Turnier nämlich.

Ich musste nicht lange suchen, um den passenden Wagen für Felix zu finden. Unter weit ausladenden Laubbäumen eines Nachbarstalles wartete ein englischer Rice-Hänger auf mich, mein Idealtyp unter den Pferdetransportern. Hoch, mit einem breiten Fenster in Fahrtrichtung, Raum für zwei Pferde und dennoch von geringem Eigengewicht. Nichts, was flattert, scheppert oder rumpelt, wie bei meinem vorherigen Hänger. Perfekt. Ein Ehepaar, wie der Hänger seit Längerem im reiterlichen Ruhestand, hatte ihn zurückgelassen. Beide freuten sich aufrichtig, dass sich mit mir wieder ein Nutzer für ihn fand. Ihr Gefallen schlug sich im Preis nieder. Ich kaufte viel Blech für wenig Geld. Und jede Menge Arbeit, denn meine Neuerwerbung bedurfte dringend einer Restauration.

Die Außenhaut bestand aus Aluminium. Kein noch so schlechtes Wetter kann Aluminium etwas anhaben, nicht einmal das englische. Dem Rahmen schon. An ihm blüht der Rost schneller und reichlicher als Gänseblümchen auf einer Frühlingswiese. Und so sah er auch aus, wie eine rostige Frühlingswiese, mit dem Unterschied, dass sich diese Gänseblümchen nicht einfach pflücken ließen. Welch Glück, dass es heutzutage für fast alles, was handwerkliche Arbeit macht, Maschinen gibt, die das übernehmen. Man muss sie nur in der Hand halten und führen. Das traute ich mir zu, als Führungskraft.

Technisch hochgerüstet mutierte ich zum furchtlosen Streiter gegen den roten Drachen Rost. Und mit ihm gegen jahrealte Schmutzablagerungen darüber und darunter. Um es kurz zu machen: Ich habe mich behauptet. Nach zwei Tagen in Staubwolken und Splitterregen war das Ungeheuer besiegt. Ich auch. Meine Arme waren auf doppelte Länge angewachsen, mindestens, und hingen bleischwer in den Schultern. Wo andere ihr Kreuz haben, oder wenigstens haben sollten, hatte ich nur noch Schmerzen.

Fertig mit Abschleifen glänzte mein Hänger silberfarben wie eine Mondfähre. Meine nächste Aufgabe war es, die Abstände zwischen den Metallstreben und dem Aluminium mit Silikon zu verschließen, damit sich kein Wasser darin stauen kann. Zielgenau presste ich die Gummiwürste aus einer Kartusche in die Ritzen, strich mit dem rechten Zeigefinger darüber, um sie zu glätten – und hatte die Würste wieder am Finger. Wut übermannte mich und schwoll zu einer Mordswut an, die zu erhöhtem Blutdruck, aber mitnichten zu einer Lösung führte. Mit anderen Worten: Mein Energieaufwand war reine Verschwendung und schadete mir auch noch gesundheitlich. Da nahte Hilfe in Gestalt des Werkstattinhabers, dessen Betriebshof ich nutzen dufte. Nachdem mir der Mann eine ganze Weile ungebeten zugesehen und sich augenscheinlich bestens dabei unterhalten hatte, was meiner Laune nicht eben zuträglich war, verschwand er in einem seiner Gebäude, um mit einer Blechdose wiederzukehren. Mit niederträchtigem Grinsen hielt er mir die offene Hand hin.
Ich legte die Kartusche hinein, worauf er sie nicht anders ansetzte, als ich sie angesetzt hatte. Dennoch war da ein Unterschied: Sein Zeigefinger kam erst zum Einsatz, nachdem

er ihn für einen Moment in der Dose versenkt hatte. In ihr war Wasser, und in dem war Spülmittel. Damit flutschte der Finger über das Gummi, das wie eine Endloswurst aus der Kartusche in die Fugen drängte. Und schon waren sie dicht. Und ich der Blamierte.

»Bitte schön«, sagte der Meister süffisant, übergab mir Kartusche und Dose und entfernte sich zügig, damit ihn die Dose nicht einholen konnte, die ich dann doch nicht nach ihm warf.

Tag drei der Renovierung gehörte der Lackierung. Diese vollbrachte ich komplett eigenhändig, unter Zuhilfenahme mehrerer Malerrollen. Die gleichmäßig dünn aufgetragene graue Farbe verlieh dem Blechkasten auf Rädern ein elegantes und dennoch hanseatisch bescheidenes Aussehen.

Bei all meinen Aktivitäten hatte mich die Neugierde des türkischstämmigen Lehrlings der Werkstatt begleitet, mal mehr, mal weniger heimlich. Gesagt hat er nie etwas. Bis ich mich von seinem Chef und von ihm verabschiedete. Da konnte er nicht mehr an sich halten und fragte, während er mit seiner rechten Hand über der Stelle kreiste, an der sich der Magen befindet:

»Warum fährst du Pferd in Wagen? Pferd essen, schmeckt gut.«

Worauf ich dann doch lieber verzichtet habe, sonst wäre ja die ganze Arbeit umsonst gewesen.

13

Wer andern eine Grube gräbt,
fällt selbst hinein

VOLKSMUND

Ich stand mit dem Rücken zur Wand. Und vor mir stand Felix, auch wie eine Wand. Der Schmusekönig hatte einen Gefangenen gemacht und seine Box zu meiner Zelle. Aber nicht seinetwegen, obwohl sein Anspruch auf Zuspruch grenzenlos und er absolut hemmungslos war, wenn es darum ging, ihn einzufordern. Nein, er tat es meinetwegen. Warum, das ist schnell erzählt, schnell durchlebt war es nicht.

Ein Abteilungsleiter des Unternehmens, in dem ich tätig war, hatte eine Intrige wegen angeblicher Illoyalität gegen einen Mitarbeiter ins Werk gesetzt, der nicht nach seinem Gusto war, genauer: dem Mann fehlte das vor allem bei schwachen Chefs so beliebte Ja-Sager-Gen. Und, fast ebenso schlimm: Er leistete sich auch noch eine eigene Meinung, und es ließ ihn unberührt, wenn sie missfiel. Meist missfiel sie, welche Überraschung. Das sollte ihm nun zum Verhängnis werden. Wo Nattern schlängeln, züngelt stets auch die Niedertracht. Und ausgerechnet ich sollte als Zeuge das Gift in ihrem Biss sein, und das, ohne dass ich davon wusste, hätte mich nicht eine loyale Mitarbeiterin rechtzeitig und hinter vorgehaltener Hand gewarnt. Worauf ich nach einer Möglichkeit sann, wie ich dem Kollegen aus der Klemme helfen und dem Initiator der Kabale gleichzeitig den lachenden Mittelfinger zeigen kann. Rache muss man kalt genießen.

Der Gedanke daran begleitete mich nach Hause, in den Schlaf und morgens in den Stall. Womit wir wieder bei Felix wären. Sein Näschen für mein Innenleben verriet ihm sofort, dass da was nicht stimmte. Weshalb er unentwegt versuchte, meine Aufmerksamkeit auf sich und damit mich von meinem Problem abzulenken. Meine Abwehrversuche seiner Schmuseattacken ignorierte er konsequent, bis ich genervt die Stimme etwas hob. Weil er das von mir nicht kannte, wich er verunsichert zurück. Ich nutzte die Chance und entwischte ihm auf die Stallgasse. Kaum dort angekommen, tapp, tapp, tapp, war er auch schon da. Ich dankte ihm seine Fürsorge schlecht. Drückte beim morgendlichen Felix-Fell-Verwöhnprogramm, auch Putzen genannt, entschieden zu fest mit dem Striegel auf und zog mit der Bürste keine Linien, sondern huschte fahrig auf dem feinen Fell hin und her, mit der Konsequenz, dass sich Felix unter der Rubbelei mehr verspannte, als er sich entspannte.

Es dauerte einen Augenblick, bis ich verstand, auch, dass dem ersten besser kein zweiter Fehler folgt. Ich entsagte dem Morgenritt und entließ Felix in die Freiheit der Longierhalle. Dort konnte er seinen Bewegungsdrang ausleben und ich mich ungehindert vom ihm weiter um eine Lösung meines Problems bemühen. Ein bisschen Egoismus verbirgt sich irgendwie doch hinter allem, was wir tun.

Aber, erstens kommt es anders, und zweitens, als man denkt. Weder wälzte sich Felix wie sonst, noch fetzte er nach dem Aufstehen los wie sonst. Sondern umkreiste mich im Schritt und ließ mich dabei nicht aus den Augen. Alle paar Tritte blieb er stehen. Kopf hoch, provokanter Blick auf mich herab. So verharrte er, bis ich auf ihn zurannte, dabei in die Hände klatschte und wiederholt rief: »Lauf doch endlich, los, beweg dich!« Das Spiel hatten wir schon oft miteinander gespielt. Normalerweise peste er ab, kurz bevor ich ihn erreichte. Nun nicht. Nicht, weil er nicht wollte, weil er nicht konnte. Vor ihm stand ich, an der Innenseite blockierten einige Hindernisse den Weg, die noch vom Vortag dort lagerten, und nach draußen konnte er auch nicht. Das 1,40 Meter hohe hölzerne Klapptor zum Hof war zu. Und genau dieses erschien ihm als das kleinste Übel, um dem gestiefelten Rumpelstilzchen zu entkommen, das da klatschend durch den Sand auf ihn zu zugestapft kam. Er drückte sich mit den Hinterbeinen ab und katapultierte sich aus dem Stand darüber hinweg. Ein Hochsprung für einen Menschen, ein Hopser für Felix.

Aber er war nicht hoch genug gehopst und knickte mit den dafür unempfindlichen Vorderhufen zwei Bretter über der Querleiste um. Ich hörte das Holz knacken und splittern, fallen hörte ich es nicht. Einige Fasern hielten die Latten fest. Statt ihrer fiel Felix, und zwar aufs Maul. Er war auf den Steinplatten ausgeglitten. Das dumpfe Klatschen seines schweren Leibes drang bis in die Halle, aber er war schneller wieder auf den Beinen als ich aus der Tür, und jagte Richtung Straße davon. Ich hinterher, seinen Namen rufend, nicht weniger erschrocken und getrieben von der Horrorvorstellung, wie er gleich mit vollem Karacho in ein Auto rennt. Doch Felix erwies sich, wieder einmal, als der Schlauere. Am Ende des Weges, aber noch nicht an der Straße, hielt er inne, vor Aufregung blubbernd wie ein Walross, jedoch ohne sichtbare Blessuren. Ich atmete auf. Im Stall entdeckte ich, dass ihm der Steinboden ein Eckchen von einem seiner oberen Schneidezähne weggeboxt hatte. Für mich fürderhin eine stete Mahnung gegen blinden und tauben Egoismus, aber auch eine amüsante Erinnerung an den Intriganten, der nach einem Gespräch mit unserem von mir eingeweihten Chef zwar alle Zähne behalten, aber sein Gesicht verloren hatte.

14

*Irgendwann im Leben ist immer
das erste Mal. Glück hat man,
wenn es nicht das letzte Mal war*

WOLFGANG J. REUS

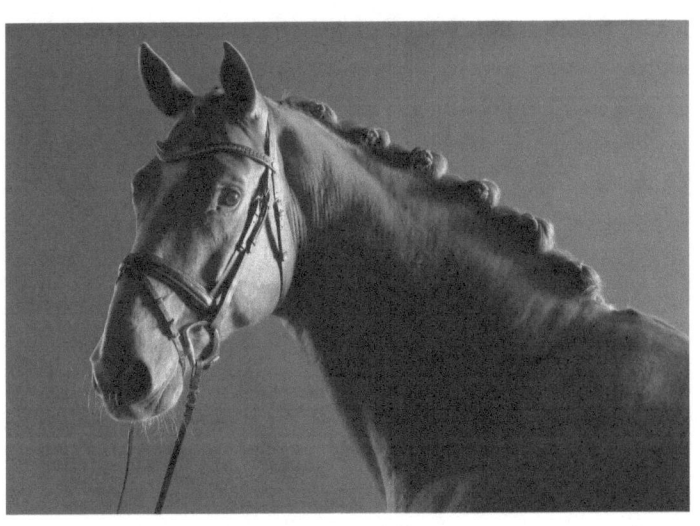

Felix und ich ritten die ganze Nacht. Halbe Traversalen, halbe Pirouetten, fliegende Wechsel. Und ich sah uns mit geschlossenen Augen zu, während ich aus der Schattenwelt des Tiefschlafs hinüberdämmerte in den Halbschlaf und wieder zurück. Bis der Wecker den Tag einläutete, den ich so erwartungsvoll herbeigesehnt hatte wie ein Kind die Bescherung am Weihnachtsabend. Und mit dem ich doch fremdelte.

Ich hatte Felix für eine Prüfung gemeldet, nicht leicht, aber leicht für ihn. Ein Wagnis blieb der Start dennoch. Wie würde es sich auswirken, wenn er sich nach langer Zeit in gewohnter Umgebung plötzlich wieder der bunten, lauten und hektischen Welt eines Turnierplatzes gegenübersah? Und damit vielleicht der einen oder anderen negativen Erinnerung?

Wird sein Selbstbewusstsein Verdrängtem die Türe weisen, wenn es an ihr klopft? Wird sein Kämpferherz in ihm schlagen, wenn es um die gemeinsame Sache geht? Fragen über Fragen, als steige man auf eine gedachte Stufe in der Hoffnung, dass die Luft einen hält.

Felix erwartete mich auf der Stallgasse, schön wie der junge Morgen, mit geflochtenen Zöpfen, glänzendem Fell und handverlesenem Schweif, der durch die lose Fülle noch voller fiel. Waschen, fönen, legen. Pediküre, Maniküre. Die Pflegerinnen hatten mir verboten, Hand anzulegen, aber selbst nichts ungetan gelassen, um aus dem Pferd meines Herzens den Paris ihrer Herzen zu machen. Selbst die Hufe glänzten unter einer dünnen Fettschicht wie poliert. Dass sich Felix im neuen Look gefiel, war unübersehbar. Nicht nur schöne Mädchen beten vor dem Spiegel.

Umso verständnisloser blickte er drein, als ich ihm für die Fahrt dick wattierte Transportgamaschen um die Beine schnallte. Er wusste nichts anzufangen mit den aufgeplusterten blau-roten Plastikschläuchen, die ihn bis über die Knie einhüllten, und stakste wie ein Storch im Salat hinter mir her Richtung Stalltür. Der Spaß fand ein abruptes Ende, als sich Felix vor dem ihm bis dahin unbekannten neuen Hänger wiederfand. Ich hatte Seiten- und Heckklappe geöffnet, die Trennwand zur Seite gerückt und Heu in einem geflochtenen Netz in Maulhöhe bereitgehängt, damit er unterwegs etwas zu knabbern habe. Alles klar zum Einsteigen. Aber Felix stieg nicht ein. Blieb wie angewurzelt am Fuß der Klappe stehen und starrte in das Innere des Hängers, als blicke er in einen Höllenschlund. Selbst wenn sich dahinter für ihn der Himmel geöffnet hätte, ER wollte da NICHT rein! Vielleicht konnte eine Longe helfen, ihn zu überreden. Ein Ende am Hänger befestigt führte sie eine Helferin um Felix Hinterteil herum und spannte sie, während ich ihn mit einem Apfel lockte. Er folgte weder dem Druck von hinten noch dem Apfel von vorn, drängte mal nach rechts und mal nach links weg. Bis Stallnachbarn mit Besen herbeieilten, um ihn damit in den Hänger zu scheuchen. Ich scheuchte sie weg, mitsamt ihren Besen. Für manche hat eben selbst der Ozean Ecken, die geschliffen werden müssen.

Die Uhr an meinem rechten Handgelenk tickte immer noch etwas lauter gegen mich. Ich hatte Zeit fürs Verladen eingeplant. Aber doch nicht so viel, als dass Felix die Wahrhaftigkeit von Einsteins Relativitätstheorie mit Muße hätte ergründen können. Die Nervosität schenkte mir eine Idee, der letzte Versuch, versprach ich mir selbst: Ich umfasste erst Felix' linkes und danach sein rechtes Vorderbein mit beiden Händen und setzte beide auf der Rampe ab. Wartete einen Moment und wiederholte das Prozedere. Felix wurde zur Ziehharmonika. Und siehe da, seine Hinterbeine gehorchten dem Hilferuf seines Körpers um Gleichgewicht und folgten den vorderen.

Zur Belohnung gab es ein Leckerli, für die nächsten Tritte einen Apfel, dann wieder ein Leckerli, bis Felix vor dem »Höllenschlund« angekommen war. Nun aber schnell, ehe er es sich anders überlegt und rückwärts wieder runterrennt. »Zieh«, rief ich der Helferin zu, die mit der Longe in der Hand bereitstand. Sie zog, und dieses Mal folgte Felix dem Vorwärtsimpuls von hinten, und schon war er drin im Hänger. Klappe hoch, Riegel zu, geschafft. Halleluja.

Mit fast einer Stunde Verspätung fuhren wir los. Felix stand ruhig. Auf dass das so bleibe, widerstand ich der Verlockung des Gaspedals. Es war Wochenende, und wir gelangten ohne Stau ans Ziel. Eine ausladende Grünfläche am Rande des Turniergeländes diente als Parkplatz. Sie war mit Gespannen und Pferdetransportern geflutet. Eine Gasse führte zum Springplatz, eine andere zu den Dressurplätzen. Ich ließ Felix auf dem Hänger zurück, um in der Meldestelle unsere Startbereitschaft zu erklären. Vorher hatte ich ihn vom Anbinder losgehakt und Seiten- und Heckklappe des Hängers geöffnet, der besseren Belüftung wegen. Eine eiserne Querstange als rückwärtige Begrenzung würde verhindern, dass Felix den Hänger in meiner Abwesenheit verlässt. Davon ging ich jedenfalls aus, als ich ihn verließ.

Auf dem Rückweg von der Meldestelle hörte ich, wie sich eine kleine Gruppe von Turnierteilnehmern lautstark über ein Pferd amüsierte, das sich ohne Reiter, aber mit Decke und Transportgamaschen auf dem Springplatz austobte. Feine Sache, dachte ich, den braucht man wenigstens nicht mehr abzureiten. Der Verladestress war vergessen, meine Stimmung bestens: Unser Start war weit nach hinten verlegt worden. Auch eine Pause lag noch dazwischen. Wir bekamen verlorene Zeit zurück. Weshalb ich der Sensationslust in mir nachgab und zunächst zum Springplatz strebte, wo Zuschauer »Hey, Hey, Hey« riefen und mit der Zunge schnalzten, als besagter Ausreißer auch schon im Renngalopp um einen der Respekt heischenden Oxer bog. Es war Felix. Er hatte die ungesicherte Querstange mit seinem gesäßgewichtigen Hinterteil irgendwie aus der Halterung gehoben und war auf den Platz gelaufen. Der schwarz-weiße Balken am Eintritt, der ihn hätte stoppen können, war geöffnet, weil in Kürze eine Prüfung beginnen sollte.

Anbinder gelöst, Heckkappe geöffnet, Pferd unbeaufsichtigt gelassen. Und nun das! Am liebsten wäre ich auf der Stelle im Erdreich versunken, aus dem ich mit meinen 1,68 Metern ohnehin nur unwesentlich emporrage. Aber so ... Mit hochrotem Kopf, die Beine weit gespreizt und beide Arme ausgestreckt stellte ich mich Felix in den Weg und spürte dabei schmerzhaft, wie sich jede Menge hämische Blicke Dolchen gleich in meinen Rücken bohrten. Wenigstens Felix hatte Erbarmen mit mir, stoppte seine Exkursion und ließ sich am Halfter wegführen, begleitet vom

Beifall des amüsierten Publikums. Wie das Klatschen gemeint sein könnte, darüber habe ich gar nicht erst nachgedacht.

15

*Willst du den Kern haben,
so musst du die Schale zerbrechen*

MEISTER ECKHART

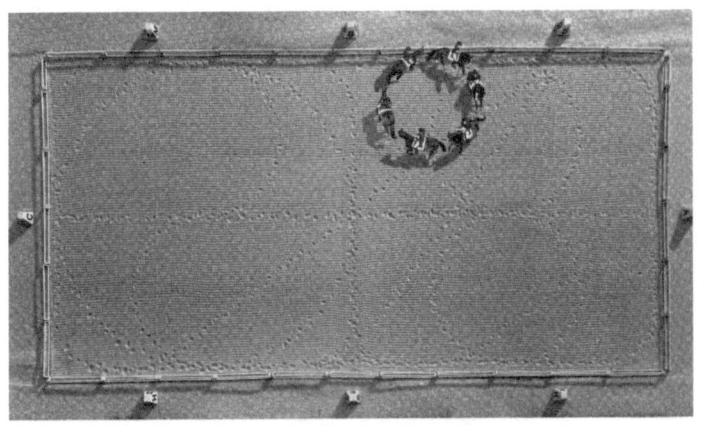

»Startnummer 84! Fertig machen!«, schnarrte die unfreundliche Stimme eines bleichgesichtigen, hoch aufgeschossenen Stewards blechern aus dessen Megafon. 84, das waren wir. Jetzt waren wir dran! In zweifacher Hinsicht. Sogar beim Bungeespringen gibt es ein Zurück, selbst dann noch, wenn der Körper die Klippe bereits verlassen hat. Aber hier … Galgenhumor.

»Wir haben Verspätung. Sofort einreiten«, kläffte das Bleichgesicht. »Na und, die hatten wir vorhin auch«, scherzte ich und tat, was ich nicht tun sollte. Mehr noch: Nicht nur, dass ich mit Felix das 60x20 Meter große, von nicht ganz kniehohen weißen Latten begrenzte Wettbewerbsareal einmal umrundete, auf dass er sich umsehe und wir bei der Prüfung vor Überraschungen sicher waren.

Ich ließ ihn anfangs auch noch Schritt gehen, anstatt zu traben oder zu galoppieren. Vorbei an den Zuschauern, vorbei an einem Richterwagen, in dem ein älterer Herr mit und eine mittelalterliche, dauerwellengelockte Dame ohne Melone saßen. Fassungslosigkeit über so viel Anarchie ließ sie ihre Köpfe wie Wackeldackel im Gleichklang schütteln. Das Bleichgesicht war zum Rotgesicht geworden. Das war die zweite Variante, die ihm geblieben war, um seinem Missfallen über die Missachtung seiner Autorität Ausdruck zu verleihen. Die erste, hinter uns herzulaufen, um uns womöglich am Zügel zurückzuführen, hatte er ungenutzt gelassen, mit Bedacht. Das Reglement erlaubte allen Pferden diese sogenannte Besichtungsrunde. Fast ein bisschen schade.

»Steward verhaftet Pferd und Reiter.«

Das wäre bestimmt ein lustiges Bild geworden. Uns hätte es weder gestört noch geschadet. Dressurprüfungen werden nur vordergründig im Viereck gewonnen. Oder verloren. Die Entscheidung darüber aber fällt dort, wo wir herkamen, auf dem Abreitplatz. Dort finden sich die Paare zusammen, dort offenbart sich, ob sie miteinander, gegeneinander oder jeder für sich an den Start gehen.

Ich hatte bei der Vorbereitung zunächst kein gutes und kein schlechtes Gefühl, wohl aber ein flaues. Wie schnell konnte im Desaster enden, was aussichtsreich begann. Das Wissen darum versetzte mich nun doch in eine innere Spannung, wie ich sie so nicht erwartet hatte. Felix hingegen zog ungerührt vom bedrängenden Gewimmel aus Pferdeleibern, Stiefel- und Stimmengewusel seine Runden. Meine Anspannung löste sich, das fliehende Vertrauen kehrte zu mir zurück. Nachdem sich Felix auf den Springplatz ja bereits ausgiebig ausgetobt hatte, konnte ich mich nun darauf beschränken, mir seine Konzentration zu sichern und zu erhalten. Er hörte zu und er hörte auch. Alles gut.

Es klingelte. Die Richter läuteten den Ernstfall ein. Einreiten, bei X halten, grüßen … Felix guckte leicht irritiert, spannte mal hier, mal da etwas im Rücken. Marschierte aber frisch voran, zumal in den Trabverstärkungen, einer seiner Stärken. Ohren hoch, Nase hoch. Hingeschaut, hier werfe ich die Beine. Cancan im Sandkasten. Ich wirkte nur vorsichtig ein. Dabei sein ist alles. Einzig darum ging es. Doch dann, urplötzlich, stockte er in einer Volte, warf sich auf die Hinterhand und wollte Männchen machen. Ich war wohl mit der Kandare zu fest geworden. Diesem Druck auf sein empfindliches Maul wollte er sich entziehen. Ich schnellte mit beiden Händen nach vorne, behielt dabei aber die Verbindung zu ihm. Beine zu! Becken! Schieben! Nun zahlte sich aus, dass ich permanent im Alarmzustand war. Felix zupfte ein-, zweimal fragend am Gummigebiss, ob der Zügel nachgibt, trabte dabei aber weiter und beendete die Volte korrekt.

Ob die Richter sein Stocken bemerkt hatten? Wenn ja, würde es sich vor allem in den Fußnoten auswirken. Sie zählen doppelt und konnten uns in der Addition der einzelnen Bewertungen zwischen Null und Zehn zurückwerfen. Konnten … Die Richterei ist seit jeher das Chili in der Suppe des Dressursports, weil Ausbildungsstand und Rittigkeit von Pferden nun mal nicht mit mathematischen Maßstäben zu messen und deshalb immer auch ein Stück weit interpretierbar sind. Fast immer aber war es, zumindest bei mir, auch so: Bei den einen verliert man, bei anderen gewinnt man. So wird aus krumm wieder gerade. Alle Reiter wussten darum, aber längst nicht alle akzeptierten es. Auch ich hatte lange Zeit meine Probleme damit. Denn selbstverständlich ist jeder der beste Reiter mit dem besten Pferd! Das muss man doch sehen, als Richter …

Unsere Richter hatten die Störung sehr wohl bemerkt, und einige andere Patzer auch. Ist ja ihr Job, die Fehlerguckerei. Am Ende hefteten sie Felix eine grüne Schleife ans Zaumzeug. Wir hatten nichts erwartet und weit mehr erhalten als still erhofft!

Mit wehenden Fähnchen ging's ab zur Ehrenrunde im Galopp, einmal um den Springplatz. Die hatte Felix ja schon geprobt, ohne Lautsprechermusik und ohne Reiter, aber mit heftigen Bocksprüngen. Die machte er jetzt wieder und wäre beinahe auch wieder oben ohne ins Ziel gekommen.

16

Wir lassen nur die Hand los,
nicht den Menschen

ANKE MAGGAUER-KIRSCHE

Es war einer dieser Wegwerf-Tage, nach denen wir uns so verzehren ... Ab in die Tonne und nie wieder an ihn denken. Kalter Wind peitschte den für den deutschen Norden so typischen Nieselregen über die Wiesen auf einem Hügel, den ein ländlicher Reiterverein zum Ort einer Pferdeleistungsschau erhoben hatte. Felix graste unter einer Wasser abweisenden Decke. Ich stand neben ihm, vor allem aber stand ich neben mir, fröstelte und wartete auf die Platzierung, die ihrerseits auf sich warten ließ. Zähflüssig wie Lehm kroch die Zeit dahin, und meine Laune sank auf Alaska-Temperatur, als ich hinter mir Überschuhe aus Gummi durchs feuchte Gras quietschen hörte. Sie hielten die Füße eines untersetzten, kräftigen Mannes mittlerer Statur trocken, dessen Gesicht weitgehend unter einem breitkrempigen Hut verborgen war. Seine Hände hatte er tief in die Seitentaschen seiner blauen Windjacke gebohrt. Neben mir angekommen, sprach der Mann ohne Gesicht. Zwei Worte nur, zehn Buchstaben. »Gutes Pferd!« Er hatte Felix im Viereck gesehen. Seine Rechte verließ die Jackentasche, um sich für einen Augenblick auf meine Schulter zu legen. Dann verschwanden Hand und Mann wieder im Nieselregen.

Eine Lidschlag-Begegnung, mehr nicht, aber lang und nachhaltig genug, um sie in der Erinnerung zu einem so besonderen Moment werden zu lassen, wie man ihn sich nicht einmal dann vorstellt, wenn man seine kühnsten Träume an eine Wand malen sollte. Das Gesicht hinter der Hutkrempe war das Gesicht von Herbert Rehbein, einem der besten, für mich dem besten Grand-Prix-Ausbilder seiner Zeit und in der Welt. Grand Prix ist die Königsdisziplin der Dressurreiterei, und Rehbein war ihr König Midas. Unter seinen Händen wurden Ross und Reiter zu Gold. Er formte Olympiasieger, Welt- und Europameister, schuf Derbysieger und hat selbst im Sattel alles gewonnen, was ein Frackreiter gewinnen kann. Einzig die Spiele waren dem Professional verwehrt.

Vorbilder bewundert man oder man kommt ihnen näher. Bei mir war es andersherum. Ich kam Herbert Rehbein näher und lernte in ihm einen Pferdemann kennen, der etwas Ikonisches ausstrahlte, aber gleichzeitig jedes Klischee dazu Lügen strafte. In Rehbein hatte der Gegensatz Gestalt angenommen. Er wollte nicht glänzen. Er wollte wirken. Erfolg mit Pferden und Demut vor Pferden widersprachen sich bei ihm nicht. Sie bedingten sich. Er war der Herr der Pferde. Aber er war auch ihr Diener. »Siegen ist nicht wichtig. Wichtig ist, dass sich die Pferde wohlfühlen und das zeigen, indem sie gut gehen.« Das war sein Credo, so wurde er Beispiel.

Sein Genius war dem Jahrhundertreiter in die Wiege gelegt, seine körperliche Begabung ebenso wie die imaginäre Kraft, der sich keines der zahlreichen Pferde entziehen wollte, die er beritten hat. Rehbein ging in ihnen auf, und sie folgten ihm, als lenke sie ein gemeinsamer Geist. Schülern gleich, die begriffen haben, dass sie für sich lernten und nicht für ihren Lehrer. Darin lag eines der Geheimnisse von Rehbeins Erfolg: Nur motivierte, willige Pferde sind in der Lage, die 33 aufeinanderfolgenden Grand-Prix-Lektionen prompt und auf möglichst unsichtbare Kommandos mit Kreuz, Schenkel und Zügel auszuführen. Einige davon sind dem Imponiergehabe von Hengsten in freier Natur nachempfunden, aber: Viele dieser Pferde sind Wallache, denen darüber hinaus in der Reitbahn jede psychische Motivation fehlt. Die muss der Reiter liefern. Rehbein lobte. Oder verzieh. Er strafte nicht, er belehrte, vom Gleichmaß bestimmt. Seine Pferde wussten immer, woran sie mit ihm waren. Sie vertrauten ihm. Und er vertraute ihnen. Jeder Besuch in Rehbeins Reithalle in Grönwohld bei Hamburg, Start und Ziel der Karriereträume der internationalen Dressurelite, wurde zu einer Lehrstunde in Horsemanship.

Wie viele Grand-Prix-Pferde er schon das Tanzen gelehrt hat, 15, 16 oder »nur« 14, wollte ich einmal von ihm wissen. Seine Antwort war ein Achselzucken. Das war keine Koketterie. Er wusste es nicht. Mit der Zeit wird auch das Besondere normal. Pferde hatten keine Farbe für ihn. Und auch keine Rasse. »Ein Pferd muss genau wie ein Mensch etwas Liebenswertes haben, dann finde ich auch Kontakt zu ihm.« So einfach war für ihn, was für andere zeitlebens ein schöner Traum bleibt. Nur Schläger und Steiger mochte er nicht. Aber im gleichen Atemzug, in dem er das beklagte, verteidigte er sie auch: »Die werden ja nicht so geboren, sondern von Menschen so gemacht, hauptsächlich durch Überforderung.«

Die Ausbildung fordert viel von den Pferden. Mehr als Grand Prix kann ein Pferd nicht gehen, ein Mensch nicht reiten. Letztendlich sind nur wirkliche Spitzenkönner und Gefühlsreiter befähigt und erfahren genug, sie in die Weltspitze zu bringen und dort zu etablieren, indem sie ihnen Muskeln, Sehnen und Knochen verschleißende Lektionen wie Piaffe, Passage, Pirouetten, Einerwechsel und anderes zielgerichtet und doch schonend antrainieren. Liostro, einer von Rehbeins vierbeinigen Schülern, war 18 und kerngesund, als er sich in der Dortmunder Westfalenhalle aus dem Großen Sport verabschiedete.

Losgelassenheit ist der Prüfstein dafür, ob Pferde fair aufgebaut worden sind. Das dauert Jahre und verschlingt ein kleines Vermögen. Man sollte also ein größeres haben. Druck und Drill waren und sind gängige Mittel, Zeit zu sparen und Geld zu gewinnen. Je früher ein Grand-Prix-Pferd »fertig gebacken« ist, je jünger es in den Turniersport kommt, desto teurer lässt es sich verkaufen. Beständige Gesundheit wird ja nicht mitverkauft und eine heile Seele auch nicht. »Banditenkram« nannte Rehbein solches, die Kreatur verachtendes Handeln. Kritik war seine Sache nicht, es sei denn, es ging um das Wohl der Pferde. Dann sagte er, was zu sagen war, auch wenn es missfiel. Und wenn das Florett nicht reichte, griff er auch schon mal zum Beidhandschwert.

Rehbein kuschte weder vor Mächtigen noch vor dem Götzen Geld. Sein kometenhafter Aufstieg aus einem winzigen Dorf in Hessen in die mondäne Welt des Grand-Prix-Sports hatte ihn zwar zum Mitglied einer Gesellschaft gemacht, die ihre Bedeutsamkeit in Teilen nur zu gerne durch große Worte und eine Fülle von eindrucksvollen Posen inszenierte, auch, um dahinter die Frage zu verstecken, inwieweit diese Bedeutsamkeit durch irgendetwas Substanzielles gerechtfertigt ist. Verbogen hatte sie ihn nicht. Er blieb der, der er war, mit seinen Stärken und Schwächen, Mängeln und Macken. Mut und Tatkraft, Fleiß und Wahrhaftigkeit waren seine

Werte, Bescheidenheit sein Maßanzug. Heldensockel, schöner Schein und Schwätzer waren ihm ein Graus. Er trug Frack und Zylinder, weil er musste, und Poloshirt und Jeans, weil er wollte. Seine Schuhe waren stabile Budapester, auserwählt, weil sie ihn fest am Boden hielten. Sein Hobby war es, in der Einsamkeit der Natur Karpfen zu angeln. War ihm nach Party, feierte er. Feiern ließ er sich nicht.

Ein Asket war er deshalb nicht. Rehbein liebte das Leben, und das Leben liebte ihn. Er lachte gern und freute sich, wenn er andere mit seinen Witzen zum Lachen bringen konnte. Selbst ein kleines Bäuchlein gönnte er sich. In dem Ölmagnaten Otto Schulte-Frohlinde hatte er einen Arbeitgeber, der ihm einen wirklichen Ross-Palast mit 40 Sportpferden anvertraut hatte, jedes mehrere Mittelklasseautos teuer. Das machte ihn unabhängig.

Die Verlockungen waren gewaltig. Das Kapital umwarb ihn, Luxus umgab ihn. Er wurde verehrt und gemocht. Aber man musste ihn schon so mögen, wie er war, einfach und unverkrampft. Aus seiner Authentizität schöpfte er seine Autorität. Ein Spitzname, auch ein wortgewaltiger, verbot sich für diesen Mann. Er war immer und für alle der »Herbert«. Wer ihn beim Vornamen nannte, tat das niemals ohne Hochachtung. Als Felix uns miteinander in Verbindung brachte, war Herbert Rehbein 42 Jahre alt und längst Legende. Neun Jahre später trauerte ich mit vielen anderen am offenen Grab um ihn. An einem 11. ist er geboren, an einem 11. erhellte ihn der Tod mit seinem finsteren Licht in seinem Häuschen im Sachsenwald. Er starb in den Armen seiner Frau Karin. Sie war die Liebe seines Lebens und seine beste Schülerin, Weltklassereiterin wie er. Gemeinsam gewannen sie 1988 das Deutsche Dressur-Derby in Hamburg. Beider schönster Sieg. Kein Paar vor und nach ihnen hat das bisher vermocht. Herbert Rehbein wusste um die Unausweichlichkeit seines viel zu frühen Todes. Krebs hatte sich in seine Lunge geschlichen. Er wollte den Gedanken an ihn nicht denken. Hat den Feind in sich ausgelacht und angebrüllt und ihn mit Verachtung gestraft. Fachleute brauten ihm einen Sud aus Fisch. Ihn zu trinken kostete ihn Überwindung. Aber mit dem bitteren Sud trank er auch Zuversicht. Schmeckt schrecklich, aber hilft, scherzte er bei einem meiner Besuche und verzog demonstrativ das Gesicht. Er saß nicht zu Pferd wie sonst, er saß auf einem Stuhl am Rande der Reithalle, die so lange sein Schaffen behütet hat. Durch die verglaste Stirnseite fielen Lichtstrahlen herein und tanzten zwischen den Pferden über den Sand. Es war unsere letzte Begegnung. Vergessen ist Herbert Rehbein nicht. Man kann einen Menschen festhalten, auch wenn man seine Hand loslassen muss.

17

*Entscheide lieber ungefähr richtig
als genau falsch*
GOETHE

Dass Lust für Felix auch Last werden kann, wenn weibliche Anmut allzu nahe lockt, habe ich hin und wieder mitfühlend miterlebt. Mich aber auch jedes Mal gefragt, wie er wohl lieber lebt, als Mann mit Hoffnung oder als Eunuch ohne beides. Damit war das in Reiterkreisen viel strapazierte Thema Kastration für mich keines mehr, auch wenn Wallache als fügsamer und umgänglicher gelten. Bis ich durchleben durfte, wie es sich anfühlt, wenn unter einem 600 Kilo pure Lust begierig beben. Selbst schuld, werden viele denken. Wer sich einen Hengst zumutet, braucht für Stress nicht zu sorgen, was zutrifft. Und auch wieder nicht. Denn bis dahin hatte sich Felix stets unter Kontrolle. Und ich ihn. Felix' erstes Mal erwartete uns in Gestalt einer kaffeebraunen Schönheit auf einer von Bäumen und hohen Hecken abgeschirmten Weide am Fuße eines Waldweges. Sie hatte den Kopf einer Grande Dame und den Hintern einer Mamsell. Es war Frühsommer, und Felix und ich hatten beschlossen, uns im Gelände einen Lenz zu machen. Nicht bedenkend, dass nicht nur der Frühling, sondern auch der junge Sommer die Zeit ist, in der Stuten nach Nachwuchs verlangen und sich alle drei Wochen bis zu fünf Tage hintereinander dafür empfänglich zeigen. Bei Pferden regulieren die Eierstöcke die Brunftperioden so, dass Fohlen in einer für sie klimatisch angenehmen Jahreszeit geboren werden.

Felix in den fein ziselierten Nüstern, ließ die Stute jede damenhafte Zurückhaltung fahren und setzte ungeniert alle ihre Reize ein, um ihn über den Zaun zu locken. Wandte ihm ihre Kehrseite zu, hob und drehte ihren vollen Schweif, blitzte und blinkerte, während sie erhobenen Hauptes auf und ab trabte. Ihre Weide war zum Animierlokal, Felix zum Liebeskasper geworden. Ich spürte, wie sich sein kraftstrotzender Körper unter mir zu einer vibrierenden Masse zusammenschob und sich hinter mir immer noch ein bisschen tiefer senkte. Der Geschlechtstrieb ist bei Hengsten noch dynamischer und dominierender als bei fast allen anderen Tierarten. Um zu verhindern, dass er sich auf zwei Beinen stellt, versuchte ich, ihn energisch vorwärts zu reiten, und kam mir dabei vor wie eine Mücke, die einen Elefanten zu bewegen versucht. Immerhin blieb er mit allen vieren auf der Erde, wechselte aber in piaffeartige Tritte, wobei sich sein ohnehin schon mächtiger Hengsthals gefallsüchtig noch höher vor mir aufwölbte. Seine Nase schob sich in die Senkrechte.

Was für ein herrliches Bild wäre das gewesen, ohne das störende und zudem verstörte Menschlein auf seinem Rücken. Schaum flockte von Felix' Maul, er frohlockte kurz und dumpf, schnaubte dann hektisch und herrisch, als gehöre solches Machogehabe zwingend zum Mannsein. Ging über in die Passage und schwebte mit die Erde verachtenden Tritten neben der Stute her. Nur vier übereinander an brusthohen Holzpfosten befestigte, dornengespickte Metallleinen trennten ihn von ihr. Mich nahm er gar nicht mehr zur Kenntnis. Ich war zum Spielball enthemmter Lust geworden. Mein Kopf schrie nach Diktatur, mein Körper wünschte sich ins Exil.

Ich musste schnellstens runter von diesem wallenden Muskelgebirge. Abspringen, durchfuhr es mich. Spring ab. Dass ich es doch nicht wagte, lag daran, dass ich im buchstäblichen letzten Moment erkannte, wo die Rettung tatsächlich wartete, am Ende der Weide, da, wo Hecken die Wege von Stute und Hengst schieden. Es musste mir gelingen, Felix von dort aus weiterzudrängen. Irgendwie habe ich das auch geschafft. Endlich in Sicherheit war ich es, der bebte. Meine Knie zitterten. Felix hingegen stand still. Die Erregung war aus ihm gewichen, und er schaute mich mit seinen dunklen Augen an, als könne er kein Wässerchen trüben. Was in gewisser Weise auch stimmte. Denn ihn traf ja keine Schuld. Er war nur seiner Natur gefolgt, und das auch erst, nachdem ich ihm das ermöglicht hatte. So sehr ich mir die Haare raufte über meine Unbedachtheit, so sehr peinigte mich die Vorstellung, was alles hätte passieren können und jederzeit passieren kann, sollte Felix erneut in Versuchung geführt werden.

Der Gedanke an eine Kastration reckte erneut sein hässliches Haupt gegen mein Gewissen, den inneren Richter, der in jedem von uns wohnt und der den Vorsitz führt über unser Denken, den Anfang allen Handelns. Bis dahin war eine Kastration ohne zwingende Notwendigkeit für mich eine egoistische Schändung der Natur. Manche Religionen sagen auch: der Schöpfung. Der jüdische und der islamische Glaube verbieten sie deshalb. Rein medizinisch ist eine Kastration unproblematisch. Zwei Schnitte und ein Knipser mit der Zange, 30 Minuten Arbeit für den Operateur, drei Tage Rekonvaleszenz für den Wallach und danach eine sechswöchige Kur im Grünen. Gemeinhin wird dieser Eingriff vorgenommen, wenn Fohlen die Geschlechtsreife erreichen, zwischen 12 und 18 Monaten. Ist die Keimdrüse entfernt, sinkt ihr Testosteronspiegel innerhalb von acht

Stunden auf null. Aber es dauert oft Wochen, manchmal Monate, bis aus einem Hengst auch im Kopf ein Wallach geworden ist.

Ich rief unseren Tierarzt an, um zu erfahren, wie er darüber denke, obwohl ich es eigentlich schon wusste. Man kennt sich ja ... Weshalb ich auch nicht mit der Tür ins Haus fiel, sondern erst einmal in bunten Farben von Felix' liebestrunkenem Veitstanz berichtete. Für mich noch immer der blanke Horror, für ihn Anlass zu ausgelassener Heiterkeit. Wirklich ... So was ... Nein ... unterbrach er mich immer wieder ... Wie ist das nur möglich ...
Der Spott troff förmlich aus der Leitung.
Noch mehr Schadenfreude offenbarte der Doc, als ich ihm kleinlaut gestand, wie mir auf Felix' Rücken das Herz in die Hose gerutscht war. Ich sah ihn förmlich durchs Telefon feixen, während er mir scheinheilig Respekt zollte:
Dass du so mutig bist ... Alle Achtung ... Also ich wäre vor Angst gestorben, da oben ... Chapeau, kann ich da nur sagen ...
Am liebsten hätte ich ihm eine reingehauen!
Natürlich war ihm längst klar, warum ich mir diesen Anruf bei ihm angetan habe. Aber anstatt darauf einzugehen und mir mit einem entsprechenden Rat den richtigen Weg zu weisen, zündelte er weiter: Und die Pferde? Wie geht es denen nach der ganzen Aufregung? Die sind bestimmt beide fix und fertig mit den Nerven. Kann man ja verstehen, oder ...
... Was ich nicht verstehe, ist, warum man als Reiter nicht nachdenkt, vorher, meine ich ...

Die kleine Gemeinheit war mit Bedacht gewählt. Sie sollte mich verunsichern, ehe er nunmehr zur Sache kam: Falls du jetzt der Meinung sein solltest, dass Felix unters Messer muss ... nur theoretisch, versteht sich, praktisch kommt das ja ohnehin nicht infrage, weil du ja als verantwortungsbewusster Reiter künftig bestimmt vorausschauend agierst ...

... also, falls du das tatsächlich erwägen solltest, musst du dich schon auch fragen lassen: Was sollte eine Kastration bei einem erwachsenen Pferd leisten, was der menschliche Verstand nicht ebenso oder besser leisten kann?

Sein geschickt getarntes Nein provozierte mich zu einem trotzigen Jetzt erst recht: Und wenn dennoch wieder was passiert und ein anderes Pferd dabei Schaden nimmt oder gar ein anderer Reiter, was dann, Herr Doktor? Soll ich das dann damit entschuldigen, dass meinem Tierarzt Hengste sympathischer sind als Wallache und er den menschlichen Verstand weit überschätzt?

Der Doc holte tief Luft, so tief, als wolle er mich gleich mit einatmen: Hengste haben keinen besseren und keinen schlechteren Charakter als Wallache. Sie sind auch nicht leistungsfähiger, obwohl das viele glauben. Wohl aber sind sie aufmerksamer, gelehriger und, vor allem, unbestechliche Kritiker, die jeden Reiterfehler sofort spiegeln. Aber, wem sage ich das ...

Wieder dieses gemeine Kichern. Dann: Ich will dir noch etwas verraten, was Hengst und Wallach unterscheidet: Hengste riechen die Angst ihres Reiters ...

Peng. Erschossen.

Okay, Doc, und was machen wir jetzt mit Felix?

Ja nichts!! Das versuche ich dir doch schon die ganze Zeit zu sagen.

Als sei er besorgt, ich könnte seine so freundlich ausgesprochene Empfehlung nicht als Entscheidung akzeptieren, schlug er einen ernsten Tonfall an: Bei vielen älteren Hengsten kommt eine Kastration im Kopf gar nicht an, und sie bleiben, was sie waren, nur, dass sie eben nicht mehr zeugungsfähig sind. Es gibt aber auch das andere Extrem: Die Kastration lässt sie seelisch verkümmern. Felix wäre nicht der erste ältere Hengst, dem die Hormonumstellung den Lebenswillen raubt.

Pause.

Aber bitte, wenn dich das alles nicht überzeugt: Bring deinen Felix morgen um 6.30 Uhr in die Klinik. Ich warte am Tor.

Er wusste, dass er nicht zu warten brauchte.

18

Der Rost macht erst die Münze wert

GOETHE

Erst waren es zwei, fingernagelklein, dann fünf, daumen-nagelgroß. Und alle miteinander machten sich im Knick zwischen Schaft und Ferse breit. Als hätten sich Mäusezähnchen durch das Leder meiner Reitstiefel genagt. In Wahrheit waren es die Jahre, sie hatten es brüchig und löchrig werden lassen. Der Sattler verschloss die Luftlöcher mit runden Lederflicken. Das sah nicht schön aus, aber einen Leidensweg musste ich gehen. Und dieser ging sich wesentlich leichter. Wobei auch hier galt, was für alles Vergängliche gilt: aufgeschoben ist nicht aufgehoben. Der Verfall des porösen Leders auf dem kurzen Stück zwischen Wade und Fuß sorgte innerhalb kurzer Zeit für weit mehr Luftzug, als sich Platz für weitere Flicken bot. Damit war das Schicksal meiner Reitstiefel besiegelt, ein Paar neue mussten her.

Normalerweise freut man sich ja über Neues. Ich nicht. Oft getragene Reitstiefel sind wie eine zweite Haut. Ich war schnell drin und ebenso mühelos wieder draußen, sie schmiegten sich weich ans Bein und waren unterhalb des Knies durch den Abrieb am Sattel dünn wie Papier geworden. Näher konnte das Bein Sattel und Pferd nicht sein. Selbst auf die Gefahr hin, dass ich nun undankbar erscheine angesichts solch angenehmer Dienstbarkeit, gestehe ich freimütig: Nicht der Verlust meiner vertrauten Stiefel war es, der mich schmerzte. Mir graute vor dem Schmerz, den mir die neuen zufügen würden, erst im Geldbeutel und danach am Körper, bis sie die Bequemlichkeit ihrer Vorgänger auch nur annähernd erreicht hatten. Reißverschlüsse seitlich an den Stiefeln oder hinten waren zu der Zeit noch die Ausnahme. Und, pardon, die Herren, wir Männer sind ja bekannt-

lich die größten Heulsusen, sobald uns auch nur die leiseste
Pein befällt.

Mit ein bisschen Schmerz geben sich neue Reitstiefel aber
nicht zufrieden. Sie wollen wehtun, beißen, drücken, knei-
fen, zwicken. Die Waden zwängen, die Füße quetschen und
die Kniekehlen wund scheuern. Schon das An- und Auszie-
hen ist eine Tortur. Um Beine, Spann und Füße durch den
langen, starren Schaft aus mehreren Lagen versteiften Leders
in den darunter eingearbeiteten Schuh zu zerren, bedarf es
zweier Haken, eingehängt in Schleifen links und rechts im
oberen Innenteil des Schaftes. Ohne Haken kann man das
Ganze abhaken. Ist es mit Haken geschafft, ist Mann auch
geschafft.

Jedem Einstieg folgt der Ausstieg. Und der fordert einen
nicht weniger, ganz einfach deshalb, weil die Stiefel über die
Zeit des Tragens eine so extreme Anhänglichkeit gegenüber
den Waden entwickeln, dass sie freiwillig nicht bereit sind,
sich wieder von ihnen zu lösen. Was allerdings nichts mit
Nächstenliebe zu tun hat, sondern mit der Tatsache, dass
Beine und Füße während des Reitens stärker durchbluten,
sich etwas dehnen, und schon stecken sie fest!

Nur einer kann sie aus dieser misslichen Lage befreien, der
Stiefelzieher. Früher waren die mal aus Fleisch und Blut. Aber
früher war ja ohnehin alles menschlicher. Heute sind sie aus
Holz oder aus Metall. Der Umgang mit ihnen erfordert Geduld und artistische Geschicklichkeit. Denn während der
Stiefelzieher dabei hilft, dem Stiefel den einen Fuß zu entwin-
den, muss ihn der andere auf dem Boden festhalten, was
schon so manchen aus dem Gleichgewicht gebracht hat.

Und dieser ganze Horror stand mir nun bevor, es sei denn, der Himmel hat ein Einsehen und schickt mir eine Eingebung, die mich davor bewahrt. Womit eher nicht zu rechnen war. Da Stiefel schon fast so lange auf der Welt herumtrampeln wie Füße, haben nicht nur Pferdeleute verzweifelt über ein Mittel nachgesonnen, von dem sich hartes Leder erweichen lässt, auf dass es gnädiger mit seinen Trägern umgehe. Was dabei herauskam, ist eine Flüssigkeit, die bei uns Menschen unten herauskommt. Generationen von Soldaten und Reitern haben an ihre Wirkung geglaubt, um enttäuscht festzustellen, dass ihnen die Stiefel munter weiter die Haut in Streifen abzogen.

Aber Glaube versetzt ja bekanntlich Berge ... Da ich in dieser Disziplin noch nie gut war, stand für mich fest: Solch ein Weichmacher kommt mir nicht in meine neuen Reitstiefel. Nun, Nein ist schnell gesagt, viel schneller als Ja, aber nicht weniger schnell erhebt sich die Frage: Und die Alternative? Da stand ich nun, ich armer Tor, und war noch hilfloser als wie zuvor.

Wäre da nicht die Eingebung gewesen, die mich wider Erwarten doch noch ereilte, dem Himmel sei Dank. Wenn du deinen Feind nicht schlagen kannst, umarme ihn. Exakt so habe ich es gehalten und die Stiefel nicht zum Reiten angezogen, sondern ins Büro, den verräterischen oberen Teil verborgen unter der Anzughose. Damit die Kanten des Schaftes meine Kniekehlen in Zukunft unbehelligt ließen, musste ich ihn dazu bringen, über der Ferse nach unten einzuknicken. Also stellte ich meine Füße auf die Hacken, sobald ich hinterm Schreibtisch saß, und wippte unablässig synchron auf und ab. Und siehe da, das unnachgiebige Leder gab nach, aber es dauerte … Ansonsten machte ich während der Arbeitstage möglichst viele Wege, um die Stiefel einzulaufen. Bestimmt haben einige gedacht, ich sei nunmehr als Bote tätig. Mein unbeholfener Gang und das damit einhergehende Klatschen der flachen Ledersohle auf Linoleum und Steinboden sind niemandem aufgefallen. Oder doch, und alle haben sich amüsiert, aber keiner hat was gesagt. Was sehr für ein bis dahin nie gekanntes Verständnis seitens der Kollegenschaft spräche.

Nach etwa vier Wochen der Heimlichtuerei im Büro wagte ich mich mit den neuen Stiefeln in den Sattel. Suchte mit den Beinen Halt, fand aber keinen. Wie auf Glatteis glitten die Stiefelschäfte auf dem Sattelblatt ab. Wollte ich sie an einer Stelle fixieren, musste ich sie mit gespannter Wade gegen den Sattel pressen. Presste ich, war Felix nicht mehr auf der Stelle zu halten. Wir steckten fest in einem Kreis aus Hü und Halt. Dass wir ihm schließlich entwischt sind, verdanken wir dem Mitleid eines Mitreiters. Das Leben hatte ihm das Haar schon vor geraumer Zeit gebleicht, und so wusste er gleich mehrere Leidensgeschichten über neue Reitstiefel zu erzählen. Wissen ist das Kind der Erfahrung, sagt man. Sein Wissen hatte ihn gelehrt, was er nun mich lehrte: Füße aus den Steigbügeln, Beine locker am Pferd herunterhängen lassen. Alles Weitere besorgt der Gleichgewichtssinn.

So einfach ist das.

19

Wo der Ehrgeiz endet, fängt das Glück an

VOLKSMUND

Was für den Pfau sein Rad, war für mich mein Schleifenkasten, aus Nut- und Federbrettern, einer Span- und einer Glasplatte selbst gezimmert und augengefällig an die blassweiße Wand gegenüber von Felix' Box gedübelt. Rosette glänzte neben Rosette, an Schnüren aufgereiht wie eine Perlenkette. Schleifen, die in der Galerie keinen Platz mehr fanden, stapelte ich auf dem Bretterboden, auch dort durch das stets blank geputzte Glas unübersehbar. Jedoch, es waren fremde Federn, die mich schmückten, von Pferden ertanzt, auf wechselnden Bühnen, die doch immer die gleichen waren.

Pferdeleistungsschauen, speziell in der Dressur, sind eine andere Form von Theater, aber eigentlich nur, weil Pferde mitspielen. Ansonsten wird auch dort geschauspielert, was die Mimik hergibt. Auch dort gibt es Provinzbühne und Landestheater, Schauspielhaus und große Oper, Pflicht und Kür. Stars, zum Teil für Spitzenhonorare als Zugnummern verpflichtet, Stamm-Ensembles, Nebendarsteller und Statisten. Alle hatten sie ihre Rolle, jeder inszenierte sich auf seine Weise. Die Freude am Pferd und an der Selbstdarstellung machte sie zu Gleichen unter Gleichen. Bis der Erfolg schied, was der Ehrgeiz vereint hatte. Erfolg ist so ziemlich das Letzte, was verziehen wird in einer Szene, in der Schleifen und Pokale die Wertschätzung von Mensch und Tier bestimmen.

Der Preis für den Glanz des Tands wurde im Verborgenen bezahlt. Vor allem Berufsreiter standen vielfach unter gewaltigem Leistungsdruck, untereinander durch Pferdebesitzer mit sportlichen Ambitionen und, im sogenannten großen Sport, durch Sponsoren, die sich mit teuren Pferden erkauften, was es sonst auch für sehr viel Geld nicht zu kaufen gibt, Beachtung und Bewunderung. Wurden Siege und Claqueure weniger oder blieben sie gar aus, hatten Bereiter oder Trainer in vielen Fällen sehr schnell ausgedient. Schon der Zweite gilt als erster Verlierer. Der Nächste bitte. Die Hamlet-Frage aber blieb. Gönner, die Pferden und Reitern die warme Hand auch nicht entziehen, wenn die Scheinwerfer sich auf andere richteten, waren eher rar. Und sind es noch.

Die Ursachen dafür finden sich auch im tief greifenden Wandel der Pferdegesellschaft und dem damit einhergehenden veränderten Verständnis der Rolle des Pferdes. Schein und Sein tauschten zunehmend mehr die Plätze. Neues, schnell verdientes Geld verdrängte gewachsene Vermögen, Bedeutungs- und Geltungskonsum großbürgerliche Bescheidenheit. Meine Villa, meine Jacht, meine Pferde … Pferde mit Auszeichnungen machen große Leute nicht klein, aber kleine groß. Neue Riten entstanden. Überkommenes verschwand, Kommendes sprengte Dimension um Dimension. Turniere mutierten zu Unterhaltungsshows, aus Bier- und Würstchenbuden wurden Zeltstädte, aus überdachten Sitzplätzen VIP-Bereiche mit Champagner und Buffet. Die Zweiklassengesellschaft war geboren, das Bändchen am Handgelenk schied Null von Wichtig.
Aus einem oder zwei Pferden wurden Pferde für jeden Tag, für jedes Turnier, an jedem Wochenende. Sie leben nicht mehr in Ställen, sie residieren in Anlagen, haben ihr eigenes Intimspray, ihre persönliche Akupunkturdecke, Pool und Solarium. Und Personal rund um die Uhr, Veterinär und Physiotherapeuten inklusive. Sie reisen nicht mehr im Hän-

ger, sie gleiten im vollklimatisierten, geräuscharmen Transporter von einem Wettbewerb zum nächsten. Oder im Jet. So lange sie der Glanz des Siegers umflort. Die Preise für Pferde, die die Siegerlisten internationaler Turniere anführen, nähern sich denen für alte Meister, mit dem Unterschied, dass die einen mit den Jahren im Wert steigen und die anderen den ihren verlieren. Investition, Amortisation, Leistungsmaximierung. So läuft das bei Pferden.

Über 77 000 Turniere nur in Deutschland bereits vor mehr als zwei Jahrzehnten, über eineinhalb Millionen Startmeldungen in allen Disziplinen noch vor zwei Jahren und Preisgelder in zweistelliger Millionenhöhe, vielfach mit einem Luxusauto als Beigabe, haben das Pferd zum Zentrum eines Kosmos werden lassen, indem auf das Frühjahr kein Sommer und auf den Herbst kein Winter mehr folgt.
Für Pferde ist immer Saison, das ganze Jahr, rund um den Globus. Geld ist nicht nur die mächtigste, sondern auch die begehrteste Erfindung, nicht nur im Reitsport, aber dort auch. Selbst ländliche Reiterwettbewerbe sind längst zu Events geworden, abends unter Flutlicht. Was nicht heißen soll, dass alles Überkommene gut und richtig war und alles Neue und Gegenwärtige schlecht ist oder falsch. Ganz und gar nicht. Es ist nur anders, ganz anders. Bis auf eines: Das Pferd hält heute wie gestern seinen Rücken dafür hin.

Die Zucht hat es den Anforderungen des Sports immer weiter angepasst. Aber auch hochgezüchtete Pferde sind keine Hochleistungsmaschinen, die wie Rennwagen mit Leichtlauföl geschmiert und von Mechanikern im perfekten Lauf gehalten werden können. Ihr Leben beginnt und endet nicht mit dem Umdrehen des Zündschlüssels oder einem Daumendruck auf einen Knopf. Sie sind Lebewesen wie wir und bedürfen der Achtung und der Liebe wie wir, haben Anspruch auf Mitgefühl und Verständnis. Auch sie haben Schwächen, auch sie sind mal glücklich und mal unglücklich, mal froh und mal unfroh. Auch sie kennen gute und schlechte Tage. Harmonieren mit dem einen Reiter besser und mit dem anderen weniger gut. Und tun dennoch alles, um ihn zufriedenzustellen. Vieles wird dadurch berechenbar, zu vieles erzwingbar.

Als Amateur war ich in einer anderen Welt und in einer ganz anderen Liga unterwegs, nur bestimmt vom eigenen Wollen. Obwohl ich eingestehen muss: Tatsächlich bedeutend war der Unterschied nur anfangs. Es ist erhebend, in seinem Sport Erfolg zu haben. Ihn gemeinsam mit einem Pferd zu haben, macht ihn einzigartig. Ich habe die Gänsehaut sehr genossen, die einen da überkommt. Felix war kein Nurejew, aber ein Talent darin, seine Kraft in tänzerische Grazie umzuwandeln. Das machte Eindruck. Ein Schlawiner war er bisweilen auch. Ausschlaggebend dafür war seine Gemütsverfassung, und die wechselte unvorhersehbar wie das Wetter im April. Erregte etwas seine Neugierde, oder regte er sich gar über etwas auf, was er mit großer Hingabe tun konnte, war er für mich, wenn überhaupt, nur noch per Notruf zu erreichen, den ich wohlweislich nicht betätigte. Zu meinen weniger oft abgerufenen Erinnerungen gehört der Nachmittag, an dem er nach einer Kehrtwendung um 180 Grad mit einem Satz über die Umrandung den Reitplatz verlassen wollte, weil ihm eine Papierschlange aus der Rechenmaschine in einem der Richterhäuschen entgegengeweht war. Ruhte er in sich, hätte ihn ein ganzer Wald aus Papierschlangen ungerührt gelassen.

Quasi als Trostpflaster bescherte er mir bald die Wahl zwischen Jackett und Frack, zwischen Melone und Zylinder. Und damit das Gefühl, die Sonne gebe ein Solo für mich. Da ahnte ich noch nicht, dass Erfolg ein Doktor Feelgood ist, dessen süßes Gift süchtig macht, in dem es das MEHR zum Gradmesser der eigenen Befindlichkeit erhebt. Wirklich überraschend ist das nicht, und doch war ich überrascht und fühlte mich hilflos wie ein Segler im Sturm, als mit wachsenden Anforderungen auch der Gegenwind zunahm und mein von mir schon fast für selbstverständlich hingenommenes Reiterglück unerreichbar weit wegpustete.

Wohlmeinende hatten mich davor gewarnt. Ich habe ihre Warnungen in den Wind geschlagen. Man glaubt ja nur zu gerne, dass das Pech immer nur auf den Schultern anderer Platz nimmt. Nun hatte es sich auf den meinen eingerichtet. Hochmut kommt vor dem Fall. Schleifen flatterten nur noch an den Köpfen fremder Pferde, die Musik bei Siegerehrungen spielte nur noch für andere Reiter, während es in mir brannte und brodelte. Und wer hat schon mehr Träume, als die Wirklichkeit zerstören kann? Ich wollte zurück, was ich nicht hatte festhalten können. Verfolgte den Erfolg wie der Esel die Möhre, ohne nach links und rechts zu schauen oder meinen Blick nach rückwärts zu wenden, weshalb mir auch entgangen ist, was jenseits des Tunnels zurückgeblieben war. Familie, Freunde, Interessen. Und damit letztendlich ich selbst.

Je weiter ich mich von mir entfernte, desto weiter entfernte ich mich von meinen Prinzipien. Wechselte die Trainer, wurde kompromisslos gegen mich und fordernder gegenüber meinem Pferd. Meine Vorstellungen von der Moral des Nutzens drohten ins Wanken zu geraten. Ging es denn jemals wirklich ums Pferd oder immer nur um mich? Im Gegensatz zum Menschen ist das Pferd außerstande, selbst darüber zu befinden, was es Körper und Seele zumuten will. Und kann. Und wann es genug ist. Wer sich für einen Sport mit einem Lebewesen entscheidet, entscheidet sich aber immer auch für Verantwortung gegenüber der Kreatur.

Felix gemahnte mich auf seine Art daran. Er hatte über die Zeit auch schwierige Lektionen wie Piaffe, Passage und Serienwechsel überraschend rasch erlernt. Wohl weil ihm die jeweilige Mechanik vertraut war. Langweilte er sich im Training, zeigte er gerne auch mal ungefragt, was er so alles konnte. So auch, als ich mit ihm Galoppwechsel zu zwei Sprüngen ritt, um ein sicheres Gefühl für die ideale Raumaufteilung zwischen Beginn und Ende der Lektion auf der Diagonale zu bekommen. Statt auf meine Kommandos zu warten, kam er ihnen zuvor und sprang, vielleicht aus Spaß an der Freude, eher aber aufgrund unklarer Hilfen, immer wieder auch Wechsel von Sprung zu Sprung. Dabei wechselt das Pferd in der Luft vom Hinter- auf das rechte oder linke Vorderbein, um damit den neuen Galoppsprung einzuleiten. Da war sie wieder, die Vergangenheit ... Aber auch ohne diese war Felix so unendlich viel fortgeschrittener, souveräner und so viel begabter als ich.

Normalerweise hätte ich mich vor ihm verneigt und über mich gelacht. Es ist befreiend, vor sich selbst versagen zu können. Heute weiß ich das. Damals war kein Platz dafür in meinem Denken. Kein Feuer wird satt, wenn man es füttert ... Genervt brachte ich Felix zum Stehen, überfallartig und zu heftig. Als habe er nur darauf gewartet, warf er sich auf beide Vorderbeine und katapultierte mich von seinem Rücken. Zu seinen Füßen fand ich mich wieder, über mir sein breit grinsendes Gesicht. Jedenfalls erschien es mir als solches, als ich vor ihm im Sand hockte, von allen guten Geistern verlassen. Der Schrecken hatte mir die Nase gebleicht, und mein Hintern brannte. Noch mehr als er schmerzte mich die Frage, wo mein Hirn war, bevor ich auf dem Gegenstück gelandet bin.

Der Weg zurück zu mir wäre wohl auch der Weg zurück zum Erfolg gewesen. Aber ich brauchte ihn nicht mehr und auch seine Trophäen nicht, von Felix als Fetische meiner Eitelkeit entlarvt. Betroffen ließ ich das Wollen los, überließ mich dem, was kam, und machte so eine mir völlig neue Erfahrung, nämlich, welch große Befriedigung es sein kann, erfolglos erfolgreich zu sein! Die Droge des Doktor Feelgood hatte ihre Wirkung auf mich endgültig verloren.

PS: Die Schleifen sind bald darauf erst in einem Säckchen und später mit dem Säckchen ganz verschwunden, von den Pokalen besitze ich noch zwei. Den ersten bewahrte meine Sentimentalität, ein kitschig-goldenes Pferdchen auf einem Marmorsockel, das seinen Platz im Keller fand. Ein zweiter, von dem ich mich wegen seiner Form nicht trennen wollte, dient im Badezimmer als Behälter für allerlei Gebrauchsgegenstände. Also win-win auf ganzer Linie.

20

Nicht jede Schnapsidee
hat eine Schnapsflasche als Mutter

WALTER LUDIN

Bestimmt bin ich nicht der einzige Ehemann, der seine Frau hin und wieder mit einer Schnapsidee dazu bringt, ernsthaft am Verstand des Partners zu zweifeln. Was nicht ungewöhnlich ist. Schließlich werden Schnapsideen im Rausch geboren. Bei mir war es allerdings nicht der Schnaps, der meine Sinne vernebelte, sondern meine blühende Fantasie. Das nur zur Klarstellung, nicht als Entschuldigung. Denn für den anderen macht es keinen Unterschied, ob das Hirngespinst aus der Flasche kommt oder direkt der Hirnrinde entspringt. Für einen selbst schon. Kreativ besoffen zu sein macht viel mehr Spaß. Einen Kater hat man danach allerdings auch.

Auslöser für meine Geisteseruption war ein Buch über die Beduinen, in dem der Autor mit viel Herzblut niedergeschrieben hat, wie innig das Verhältnis zwischen den Nomaden und ihren Pferden ist, auch deshalb, weil sie mit ihnen unter einem Dach leben, Zwei- und Vierbeiner, Familien und ihre Pferde. Die Fohlen nächtigen bei den Kindern, die Stammstute bei den Erwachsenen. Hengste werden verkauft. Und schon ist Ruhe im Zelt. Durch die Nähe und den ständigen, engen Umgang werden die Pferde schon als Fohlen zu großen Hunden, die sich genau wie diese an das Leben im Haus anpassen, nahezu jedes an sie gerichtete Wort und jede Geste verstehen lernen. Ihren Menschen auf Schritt und Tritt folgen und sie mit Zähnen und Hufen verteidigen, sollte ihnen Gefahr drohen.

Fortan bestimmte mich nur noch ein Gedanke. Felix muss umziehen, zu uns ins Haus. Platz war ausreichend vorhanden, jedenfalls mehr als in einem Zelt. Und einen Garten hatten wir auch. Der hatte zwar nicht das Ausmaß der Wüste, dafür wuchs dort Gras, grüne Verlockung für jedes Pferd. Ich müsste nur das Gästezimmer im Parterre in eine Box verwandeln. Das ließe sich relativ einfach bewerkstelligen, indem ich das Fenster durch eine Klapptür ersetze und Felix mit frischem Stroh auf dem Boden eine kuschelige Matratze aufschüttle, die bei geöffneter Tür so ganz nebenbei auch noch das Resthaus mit dem Odem der Natur erfüllen kann. Und vielleicht sollte ich ein Landschaftsbild an der Wand anbringen, als bunten Kontrast zum strengen Weiß der Tapete. Sattel, Trense, Kandare, Longe, Putzzeug und was ich sonst noch so an Gebrauchsgegenständen hatte, ließe sich problemlos im Flur unterbringen. Ist ja nur Kleinkram.

Berta und Berthold würden sich riesig freuen über den neuen Hausgenossen. Mit ihm stünde endlich mal jemand zur Verfügung, den man auch ein bisschen ärgern kann. Und wenn ihnen das langweilig wird, könnten sie sich mit Felix statt mit mir bei ihrem Lieblingssport austoben, Kissen hin und her zerren, zwei an der einen, einer an der gegenüberliegenden Seite, mit dreifacher Erschöpfung als Ergebnis. Für Berthold wäre Felix überdies eine perfekte Möglichkeit, Mama Berta zu entkommen, sollte sie ihn mal wieder ernsthaft maßregeln wollen, was durchaus schmerzhaft enden konnte. Ein Sprung auf seine Kruppe würde ihn vor solchen Strafaktion in Sicherheit bringen. Zumal er in Felix einen Untermann hätte, den so leicht nichts umwirft, so ein Dackel schon gar nicht. Und ich hätte endlich mal eine Weile Ruhe vor den wuffenden Plagegeistern und könnte mich in meinen Lesesessel im Wintergarten meiner Lieblingsbeschäftigung hingeben, dem Studium der Zeitung. Das könnte ich freilich auch laut und damit Felix zu Gefallen tun. Schließlich steckt dahinter bekanntlich immer ein kluger Kopf. Und was der ersinnt, macht bestimmt auch Felix klüger. So ein Pferd ist ja auch nur ein Mensch. Gerd Wiltfang, Weltmeister und Olympiasieger im Springreiten, hat das als Erster festgestellt und damit einen Running Gag geboren. Wiltfang ist lange tot, sein Gag lebt munter fort.

Bei schlechtem Wetter und im Winter, wenn keiner von uns beiden Lust auf Bewegung in der kalten Reithalle verspürt, könnte ich mit Felix als Ergänzung seiner geistigen Fertigkeiten ein bisschen Kopfrechnen üben. Pferde rechnen gern und gut, wie wir vom klugen Hans wissen. Der fünfjährige Berliner Orlow-Traberhengst war im ganzen deutschen Kaiserreich dafür berühmt, dass er nicht nur buchstabieren und lesen konnte, er beherrschte auch die Grundrechenarten. Jedenfalls behauptete das sein Besitzer Wilhelm von Osten und ließ Hans zum Beweis dafür das Ergebnis von Plus und Minus vor den Augen des preußischen Kultusministers mit dem rechten Huf auf den Boden stampfen. Selbstverständlich hat sich Hans nie verrechnet. Unsere Holzböden würden das Vorzählen schon aushalten. Felix' Hufeisen müssten dafür allerdings ab.

Herrliche neue Wohnwelt! Aber kein Gedanke erwächst, ohne andere zu wecken. Einer davon galt meiner Frau. Nicht, dass sie Felix nicht mochte. Aber sie hatte klare Vorstellungen davon, wo ein Pferd hingehört, ob es nun schreiben und rechnen kann oder nur das eine oder das andere. Oder keines von beidem. Nämlich in den Stall.

Wie nur konnte ich sie bei dieser Einstellung davon überzeugen, dass ein Hauspferd unser Leben entscheidend bereichern würde und das unserer Hunde sowieso. Und: Was würde sie sagen zu meinem Vorschlag? Wenn sie überhaupt etwas dazu sagt und nicht gleich die Koffer packt und zu ihrer Mutter zieht, im günstigsten Fall.

Dagegen sprach, dass sie meine Pferdeuphorie bisher eigentlich immer mit Humor genommen hat, auch aus Selbstschutz, denke ich mal. Es sei denn, es hat ihr etwas ganz gewaltig gestunken, zum Beispiel meine Ganzlederreithose im Ankleidezimmer und meine ungeputzten Stiefel im Flur. Weshalb sie irgendwann beschlossen hatte, mir den Spaß gründlich zu verderben und sich einen daraus zu machen: Als ich abends heimkam und mich fürs Reiten umziehen wollte, schwamm die Hose breitbeinig in der Badewanne und war für Tage nicht mehr tragbar. Die Stiefel waren ganz verschwunden und blieben es auch, trotz demütigsten Flehens um Herausgabe.

Erst als ich mit erhobenen Schwurfingern gelobte, sie künftig nur noch vor der Tür auszuziehen und sie dort auch abzustellen, ließ sich meine Frau erweichen, führte mich zur Mülltonne hinterm Gartentor und klappte den Deckel auf: »Schwein gehabt, mein Lieber, morgen Früh hätte sie die Müllabfuhr mitgenommen … «, säuselte sie und schwebte mit triumphierendem Lächeln von hinnen. Gelächelt habe ich dann auch. Die Stiefel waren in einer festen Plastikhülle sicher verwahrt. Erwischt!

Aber, bei allem Humor, ein Pferd im Haus ist ja denn doch noch eine etwas andere Herausforderung als Hose und Stiefel, die nur nach ihm duften. Wie anders, das dämmerte mir in einem Wachtraum, in dem ich Augenzeuge wurde, wie Felix seine Leibesfülle neugierig und voller Tatendrang durch Flure und Zimmer schiebt. Mit schwingendem Po an der antiken Vitrine mit den mundgeblasenen Scheiben vorbeiwischt, mit der Zunge die Echtheit der Ölfarbe der Wandbilder und mit den Zähnen die Widerstandskraft ihrer mit Schnitzereien verzierten Holzrahmen prüft. Mit der Schnute Klavier spielt, Ohren verachtend laut und mit untrüglichem Gespür für falsche Töne. Und sodann das Wohnzimmer ansteuert, wo sich gleich darauf das Designersofa berstend verabschiedet, verstorben unter 600 Kilo Lebendgewicht. Während Felix meinen Schreibtisch ansteuert, was mein Herz wummern ließ, als wolle es meinen Brustkasten sprengen: Nichts, aber auch gar nichts mehr von alledem, was mein sorgsam gepflegtes Chaos auf der grünen Lederunterlage ausmachte, würde ich jemals wiederfinden, sollte es Felix für sich entdecken. Und wenn doch, dann allenfalls in seinem Magen, in dem prinzipiell alles verschwindet, was man nicht schnell genug vor seinem nimmersatten Gierschlund in Sicherheit bringen kann. Und damit auch nie wieder.

Der geflochtene Papierkorb unter dem Tisch wäre ebenfalls ein gefundenes Fressen für ihn. Wenn er ihn nicht stattdessen mit einigen gezielten Eingriffen seines Gebisses passgerecht zum schicken Kopfputz umarbeitet, mit reichlich Raum für seine Ohren. Müsste sich nur noch einer finden, der ihm das schicke Accessoire aufsetzt. Oder eine …

Verblieben als weitere akute Gefahrenzonen Schlafzimmer und Küche. In der kuscheligen Gemütlichkeit des Schlafzimmers würde er sich pudelwohl fühlen und als Gegenleistung vielleicht sogar aufs Probeliegen im Bett verzichten. Vielleicht. Der Bücherstapel daneben, okay, den wird er mit Interesse näher betrachten, schon weil er hoch und bunt ist und garantiert zusammenbricht, sobald er ihm mit seiner vorwitzigen Nase zu nahe kommt. Da würde er sich tüchtig erschrecken. Selbst schuld, Strafe muss sein! Auch Kissen und Bettdecken in ihren ländlich karierten Bezügen werden ihre Wirkung auf ihn auch nicht verfehlen. Was mir allerdings zupasskommen würde: Wenn er sie gründlich aufschüttelt, brauchen wir es nicht mehr zu tun. Und die Federn würden sich freuen, endlich frei. Ich war erleichtert.

Doch schon bei dem Gedanken an die Küche war sie wieder dahin, die Erleichterung. Die Vorstellung, wie Felix mit viel Spaß an der Freude und wieselflinker Zunge den Inhalt von Schränken und Schubladen bis auf deren Grund nach Essbarem durchstöbert, den Besteckkasten auf den Kopf stellt, sich sabbernd an Melonen und Grapefruits aus den Schalen im Regal gütlich tut und meine geliebte Pfeffermühle als Beißholz missbraucht, vertrug sich noch mit meiner Toleranz für eine WG mit der tierischen Art. Wer sich ein Pferd ins Haus holt, bekommt den Elefanten mitgeliefert. Ist eben so …
Aber als sich der Elefant sodann in eindeutiger Absicht dem von meiner Frau schatzartig gehüteten Porzellan von ihrer geliebten Großmutter zuwandte, war Schluss mit lustig. Die Scherben würden selbst unsere Ehe in einen Trümmerhaufen verwandeln.

Aus, aus.

Aus der Traum. Aufwachen. Schnell!! Puh ... Bloß gut, dass meine Frau auch nicht den Hauch einer Ahnung davon hatte, was ihr da ums Haar gedräut hätte. Die Arme hätte sich bestimmt furchtbar aufgeregt. Oder sie hätte schallend gelacht, über mich, versteht sich, worüber ich mich dann wiederum furchtbar aufgeregt hätte. Da erschien es mir denn doch wesentlich schonender für alle Beteiligten, mich flugs von meiner Schnapsidee zu verabschieden und sie stillschweigend dort zu versenken, wo jeder normale Verstand ihre Geburtsstätte vermuten würde, in einer Flasche Hochprozentigem. Wenn schon Kater, dann richtig ...

21

Du siehst die leuchtende Sternschnuppe
erst dann, wenn sie vergeht
CHRISTIAN FRIEDRICH HEBBEL

Das Schicksal klopft nicht an. Es tritt einfach ein. Abends war Felix noch wohlauf, morgens wollte er mit dem linken Vorderhuf nicht mehr auftreten. Jeder Tritt war ein Schritt in stechenden Schmerz. Und unser Tierarzt war im Urlaub, ausgerechnet jetzt. Statt des vertrauten Doktors kam eine unbekannte Doktorin in dessen dunklem Dienstkombi angefahren. Sie untersuchte Felix von der Schulter abwärts, zunächst tastend, mit beiden Händen, danach mithilfe eines mobilen Röntgengerätes. Felix machte große Augen, ließ sie aber gewähren. Tiere haben ein sehr feines Gespür dafür, ob ein Mensch ihnen wohlgesonnen ist. Aber so sehr sich die Veterinärin auch mühte, sie kam der Ursache der Lahmheit nicht auf die Spur. Riet in ihrer Ratlosigkeit zu einer Kernspintomografie. Dem Magnetauge des Computers bleibt nichts verborgen.

Die Fahrt in die Spezialklinik war eine Fahrt ins Ungewisse. Sorge und Optimismus, die Fratze der Verlustangst und das zuversichtliche Gesicht des »Es wird schon alles wieder gut« gaben sich hinter meiner Stirn die Klinke in die Hand. Und kein Knopf zum Abstellen. Felix indessen beobachtete gelassen durchs Fenster, wie Natur, Menschen und Häuser an ihm vorüberzogen. Ahnungslosigkeit gebiert keine dunklen Gedanken. Lucky Felix.

Im weichen, indirekten Licht der MRT-Praxis, deren dezent graue Wände ihr die klinische Kälte nahmen, erwarteten ihn ein Facharzt im blauen Kittel, eine Spritze mit einem leichten Beruhigungsmittel und ein dreischenkliges Röntgen- und Detektorsystem auf einer Gummiunterlage. Minuten später sollte es sein Bein von vorne und von beiden Seiten circa fünfzig Zentimeter hoch umschließen. Das Sedativum verhinderte Bewegungen, während Magnetfelder Detektiven gleich Röhrbein und Huf geräuschlos Millimeter für Millimeter akribisch durchdrangen und dreidimensional auf einem Monitor sichtbar machten, was sie ertasteten. Felix war zum gläsernen Pferd geworden. Der Blaukittel stand vor dem Bildschirm und analysierte, was er sah. Mit jedem weiteren Bild, das Felix' Inneres nach außen kehrte, verdüsterte sich seine Miene mehr. Und mein Herz fürchtete sich, lange bevor er mir den Grund dafür nannte, bemüht sachlich und dennoch nicht unberührt. »Ihr Pferd hat Osteoporose, nicht nur im Vorderbein, weite Teile des Skeletts sind befallen«, offenbarte er mir und zeigte mir zum Nachweis einige der Aufnahmen.

Osteoporose ist eine Stoffwechselkrankheit, hervorgerufen durch unzureichenden Knochenaufbau. Der Mangel von Kalzium und Vitamin D in jungen Jahren hat die Feindin in Felix erwachen lassen. Gierig wie ein Vampir entzog sie den Knochen über Jahre hinweg mehr und mehr ihrer Masse und ihrer Dichte, ohne dass Felix Schmerzen verspürt oder äußerlich erkennbare Beschwerden gezeigt hätte. Als sie sich durch die Lahmheit endlich verriet, war der Knochenschwund so weit fortgeschritten und das Skelett so instabil geworden, dass selbst sonst stabile Wirbel und Gelenke schon bei geringster Belastung brechen konnten wie Streichhölzer. Arglist und Feigheit hatten über die Medizin gesiegt, das Schicksal die Tür hinter Felix ins Schloss geworfen.

Dem Arzt blieb nur, mich vor eine Wahl zu stellen, die keine war: »Sie können Ihr Pferd noch für eine kurze Weile auf eine Weide lassen. Aber bedenken Sie, wie das enden kann. Was er damit meinte, verschwieg er mir. Und ich war ihm dankbar dafür. Mit dem Wenigen war schon weit mehr als alles gesagt. Dass er Felix' Namen konsequent ignoriert und ihn beharrlich »Pferd« genannt hatte, als spreche er von einem seelenlosen Gegenstand, kränkte mich, seine Erklärung dafür beschämte mich.

Namen schaffen Nähe, Anonymität Distanz. Sie war der Schild, mit dem er den Menschen hinter dem Arzt vor Mitleid schützte. Mitleid macht Ärzte krank. Deshalb lassen sie es gar nicht erst an sich heran. Ohne meine Antwort abzuwarten bot er mir eine Visitenkarte an: »Das ist eine Adresse für Pferde mit Krankheiten im Endstadium. Ich kenne die Leute dort. Bei ihnen ist Ihr Pferd in allerbesten Händen. Es wird nichts merken. Glauben Sie mir!«

Ich hörte seine Worte und war selbst zu keinem Wort fähig. Verfluchte diese verteufelte, das Leben verhöhnende Krankheit und hasste mich für meine Hilflosigkeit, die mir die noch immer von Hoffnung getönte Brille nunmehr endgültig von den Augen gerissen hatte. Ich würde Felix verlieren, ganz gleich, wie ich mich entschied. Ohnmacht kann eine grausame Macht sein.

Felix' Heimkehr in die Geborgenheit seiner gewohnten Umgebung, in die Box, die nach ihm roch, zu seinen Nachbarn, den Wallachen, die freudig wieherten, war der Beginn unseres Abschiedes. 15 Tage sollten uns noch vergönnt sein. Wie das Leben besteht auch der Abschied aus Augenblicken, mit dem Unterschied, dass ich nicht wie sonst in meinem Leben achtlos über sie hinweggeeilt bin, das Jetzt mit Füßen tretend, Augen nur für das alles versprechende Morgen. Sondern ihnen alle meine Sinne öffnete, jeden einzelnen Moment in mir aufsaugte und nicht mehr losließ. Denn keiner von ihnen würde wiederkehren. So fand ich auch in tiefer Traurigkeit Trost, vor allem darin, dass der Freund, der mir so lieb geworden ist, nicht ahnte, dass der Tod nur einen Atemzug entfernt auf ihn lauerte, seiner gewiss. Kein Leben wird gefragt, ob es geboren werden will, und keines, ob es zum Sterben bereit ist. Der Tod ist ein egoistischer Meister, das fehlende Bewusstsein der Kreatur um die eigene Endlichkeit eine der wenigen gönnerhaften Gesten der Schöpfung ihr gegenüber.

Felix war mir von unserer ersten Begegnung an nahe, aber so nah wie in diesen Tagen war er mir nie. Ich atmete seine Wärme und seine Aura und erspürte sein Vibrato, als wäre er ein Unbekannter, den ich trotz der Bedrängnis durch die Zeit bis ins tiefste Innerste kennenlernen wollte. Wenn er vor oder neben mir stand in all seiner Schwäche, seinen Kopf an meine Brust legte und mit geschlossenen Augen verharrte, als könne ich ihn beschützen, stiegen Tränen in mir auf. Es waren auch Tränen der Scham, weil ich unfähig war, ihn zu bewahren. Mir blieb nichts, als die Faust gen Himmel zu ballen und ins Nichts zu rufen: Warum? Und warum Felix?

Wie soll man auch begreifen, was man nicht verstehen kann, wie Antworten finden auf Fragen, auf die es keine Antworten gibt. Hat das Leben für alle beseelten Wesen nur einen Anfang? Kehrt Felix wieder, wenn er gegangen ist? Als Blume vielleicht oder als Blatt an einem Baum? Oder hat das

Sein für Tiere Anfang und Ende, weil ihnen, wie die Kleriker behaupten, die Seele mit dem Leben entweicht? Ja, solche Fragen stellt man sich dann. Fraglos ist nur eines, der Tod. Er ist der wahre Herr über jedes schlagende Herz. Gegen ihn galt es anzukämpfen, anstatt den Blick himmelwärts zu richten, wo der Schöpfer nicht half. Viele Jahre später, als der Krebstod mir meinen Rottweiler Paul entriss, einen Findelhund aus dem Tierheim, sollte mich dieser Gedanke einholen.

So lange sich Felix nicht bewegte, sah man ihm nicht an, dass und wie krank er war. Seine Augen leuchteten wie eh und je, und bisweilen war er frech wie ein Fohlen, während sich hinter ihm das Licht des Lebens immer tiefer senkte. Er schubste und stupste mich oder zupfte mich an der Jacke, wenn er beschmust werden wollte oder ich nicht schnell genug Leckerlis für ihn aus der Tasche fingerte. Schien die Sonne, humpelte er in heiterer Gelassenheit hinter mir her hinaus auf die Wiese und ließ sich von ihren Strahlen erwärmen.

Das ließ mich so etwas wie Zuversicht verspüren. Vielleicht ... man weiß ja nie ... er ist ja noch jung ... warum sollte er nicht ... Selbst der viel bemühte Strohhalm schien mir kurzzeitig fest wie eine Eisenstange. Aber es war nur ein Aufbäumen, ein letztes Mal, dass der Funke Leben in Felix mit abwehrender Kraft zur Flamme aufloderte. Als selbst stärkste Medikamente Felix' Schmerzen kaum noch zu lindern vermochten, rief ich die Telefonnummer auf der Visitenkarte an. Das Leiden hatte dem Stummen eine Stimme gegeben. So sehr ich mich an Felix geklammert hatte, nun musste ich ihn loslassen, um seinetwillen. Er hat in Würde gelebt, er sollte auch in Würde gehen dürfen.

Stirbt ein Mensch, der einem eng verbunden war, hilft einem der Trost anderer Menschen über den Verlust hinweg. Stirbt ein Tier, das einem nahe war, ist man allein.

Wie eine Eiswüste umschloss mich die Einsamkeit und fror das Denken zwischen den Gefühlen ein, indem der Schmerz alle Sinne beherrschte und das Vergessen unerreichbar weit weg war. Felix ist nur 13 Jahre alt geworden. Bis heute habe ich nie wieder ein Pferd gewollt und nie wieder in einem Sattel gesessen. Zu besonders war und ist die Zeit mit ihm. Für das Paradies der Erinnerungen hat selbst der Tod keinen Schlüssel.

Nachwort
Und die im Dunklen sieht man nicht

Der französische Philosoph Michel de Montaigne (1533–1592) erkannte bereits vor fünfhundert Jahren, welch wertvoller Lehrmeister das Tier für uns Menschen sein kann, wenn wir ihm nur zugestehen, was ihm durch Geburt ohnehin zusteht: menschliche Regungen. Und ihm mit Achtung und Respekt begegnen. Das tat Montaigne und empörte sich über Ignoranz und Rohheit seiner Zeitgenossen, die sich zu Herrschern über die sogenannten Nutz-Tiere aufschwangen, zu denen auch das Pferd gehörte, um sie ungehindert zu ihrer Beute machen zu können, egoistisch, brutal und rücksichtslos. »Aus welchem Vergleich zwischen der Kreatur und uns schließen wir auf deren Unverstand?«, fragte der Gelehrte in seinen Schriften. »Besitzen wir auch nur eine Fähigkeit, die sich nicht im Tun und Treiben der Tiere findet? Brauchen wir einen triftigeren Beweis für den unverfrorenen Hochmut des Menschen gegenüber dem Tier?«

Er blieb damit ein einsamer Rufer, bis zum heutigen Tage. Und das, obwohl der Mensch der Moderne längst durch die Forschung weiß, was Montaigne im ausgehenden Mittelalter nur vermuten konnte: dass das Tier der nächste und engste Verwandte von uns Menschen ist. Die genetische Identität zwischen Menschenaffe und Mensch beträgt 99 Prozent!

Demütiger im Umgang mit der Kreatur sind wir deshalb nicht geworden, eher noch hochmütiger, noch egoistischer, noch gleichgültiger. Und noch gieriger. Schlachtpferde-transporte, Massentierhaltung, Schlachthofbarbarei, Tierversuche, menschliche Abgründe und Unbeherrschtheiten legen Zeugnis ab vom Moral- und Ethikverständnis, das in Teilen der Gesellschaft des 21. Jahrtausends gegenüber dem Tier herrscht.

Trotz des weitverbreiteten Wissens darum, was insbesondere in der Schattenwelt der Fleischerzeuger tagtäglich geschieht, und obwohl Millionen Menschen Mitleid mit den dort leidenden Tieren empfinden und kaum jemand ihren Tod will, steigt der Fleischkonsum über alle Grenzen der Verelendung der Kreatur hinweg ständig an, die einsetzt, sobald aus Lebewesen Massenware wird. Sie hat das jahrtausendealte Band der Ich-Du-Beziehung zwischen Mensch und Tier zerrissen. Proteste von Tierschützern gegen Haltungsbedingungen zugunsten des Tiefstpreiswettbewerbs werden als übertrieben oder als realitätsfern abgetan, die Politik flüchtet sich in Debatten um Stall- und Käfiggrößen, Zentimeter Lebensraum, Methoden des Tötens und Schlachtens und vermeintlicher Artgerechtheit des Tieralltags. Das kostet Zeit und viele Leben, bringt aber auch Zeit und damit den einen damit weiterhin Gewinne und der Politik weiterhin wertvolle Stimmen.

WIR, die wir Tieren nahe sind, sie beschützen und bewahren, ihnen unser Herz schenken und mit ihnen unter einem Dach leben, WIR können das ändern. Auch, ohne Veganer zu werden. Einfach, indem wir nicht länger weg-, sondern hinschauen und im Angesicht der ganzen Unmenschlichkeit unser Kauf- und Essverhalten ändern. Zumal wir mit der Verantwortung, die wir der Kreatur schulden, auch über das Maß unserer Würde entscheiden. »Ethik ist die grenzenlos erweiterte Verantwortung gegen alles, was lebt«, hat uns Albert Schweitzer dazu hinterlassen, der als Klinikarzt im afrikanischen Lambarene jedem Lebewesen Hilfe zuteilwerden ließ, dem Tier genauso wie dem Menschen. Es macht die Torturen der hundertmillionenfach hingeschlachteten Lebewesen nicht rückgängig, wenn wir Schweitzers Erkenntnis leben. Es befreit uns auch nicht von unserer Mitschuld. Aber es öffnet uns die Tür zu einer Mensch-Tier-Gesellschaft, die diesen Namen auch verdient.

Einer neuen Moral bedürfen wir dafür nicht, wir müssen nur endlich damit aufhören, Tiere willkürlich aus unserem bestehenden Moralkodex auszuschließen. Eines erweiterten Tierschutzgesetzes dagegen sehr wohl. Wesentlich effizienter aber wären ein breites ethisches Selbstverständnis und Einigkeit in der Ablehnung von allem Unmenschlichen. Schon jedes für sich bewahrt Tiere besser und nachhaltiger vor Übergriffen und Ausbeutung, als jeder Paragraf es vermag.

Zu diesem ethischen Selbstverständnis gehört auch, dass wir Tieren, die wir töten, weil ihr Verzehr unser evolutionäres Erbteil ist, ein artgerechtes Leben schulden. Das hat seinen Preis, wie die Qual ihren Preis hat. Aber er bemisst sich nicht an der Kilomarge für Mastfleisch, nach Zentimetern Platz im Käfig und auch nicht nach Transportkilometern zum Schlachthof. Sondern in Wohlergehen.

Keiner von uns weiß wirklich, wo er herkommt und wohin er einmal gehen wird. Wir wissen auch nicht, wo das Tier herkommt und wohin es gehen wird. In letzter Konsequenz wissen wir nicht einmal genau, worin wir uns tatsächlich unterscheiden, Mensch und Tier. Was wir aber unbestreitbar wissen, ist, dass das Tier mitnichten nur seelenloses Fleisch ist, mit dem wir machen können, was wir wollen. Halten wir uns doch noch einmal vor Augen, was uns über die Arten hinweg verbindet:

- Tiere haben Bewusstsein wie wir.
- Tiere können wie wir Vorgänge logisch miteinander verknüpfen, um Ziele zu erreichen. Also können sie denken, wenn auch in eingeschränktem Maß.
- Tieren verfügen wie wir über ein Gedächtnis, der Basis für jede Geistesleistung.
- Tiere sind von denselben Gemütsbewegungen betroffen wie wir.
- Tiere sind uns, was ihre emotionale Intelligenz angeht, auf diversen Gebieten teils weit überlegen.
- Tiere haben Kultur und Sprache. Sie kommunizieren mithilfe von Lauten, Gesten und Mimik. Primaten, Papageien und Wale sollen sogar über Vorformen menschlicher Sprache verfügen.

Im Klartext bedeutet das nichts anderes als: Einzig unsere kognitive Überlegenheit bevorteilt uns ihnen gegenüber. Sie ist auch die einzige noch verbleibende Rechtfertigung für den Status Quo. Höchste Zeit also für einen neuen Gesellschaftsvertrag mit dem Tier und einem Tierschutz, der diesem Namen auch gerecht wird, getragen von humanem Verständnis über Haltungsbedingungen und entwickelt aus der

Form von Ethik und Moral, die einer zivilisierten Gesellschaft ihren Wert gibt.

Erst wenn sich der Mensch dem Tier gegenüber entrechtet,
wird aus Unrecht wieder Recht.

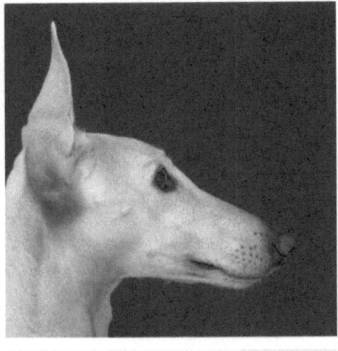

Debra Bardowicks
Animal Photography

Tierfotografin
aus Leidenschaft

· Studioaufnahmen
· Outdooraufnahmen
· National & International

info@animal-photography.de
+49 (0)40 – 60 81 70 56
www.animal-photography.de

Die Überflieger

Meister im Abhängen, Flugkünstler der Extraklasse, innovative Architekten: Fledermäuse und Flughunde zählen seit über 50 Millionen Jahren zu den erfolgreichsten Arten der Erde. Unumstritten ist ihre große ökologische und ökonomische Bedeutung, geheimnisvoll bleibt vieles an der Lebensweise dieser überaus sozialen Nachtschwärmer. Anschaulich erzählt Gerald Kerth von den phänomenalen Tieren, deren Schutz ihm ein besonderes Anliegen ist.

Gerald Kerth
Heimlich, still und leise
Die faszinierende Welt
der Fledertiere

Eine spannende Expedition zu den geheimnisvollen Geschöpfen der Nacht, unterhaltsam erzählt von einem der renommiertesten Fledermausforscher Europas

Gerald Kerth
Heimlich, still und leise

Mit Fotos · Print: 978-3-7766-2789-3 · E-Book: 978-3-7766-8250-2

HERBiG www.herbig-verlag.de

Von Fundsache zu Glückssache

Paul ist ein Hund, den man einfach gern haben muss.
Ein schwarzer Riese mit einem sanften Wesen. Mit zwei
Jahren ausgesetzt, wartete er im Tierheim monatelang
auf ein neues Zuhaue – und fand es. Elmar Schnitzer erzählt von der perfekten Symbiose zwischen Hund und
Mensch und davon, was wir von unseren Vierbeinern
lernen können.

»Eine Hundeliebe, die ans Herz geht.«
BUNTE

Elmar Schnitzer
Ein Glücksfall namens Paul
Mit Fotos · ISBN 978-3-7844-3322-6 · E-Book: 978-3-7844-8152-4

Langen*Müller*   www.langen-mueller-verlag.de

Mit Herz und Hund

Als Elmar Schnitzer seinem Kalle zum ersten Mal begegnete, würdigte ihn dieser keines Blickes – um ihn
bis heute nicht mehr aus den Augen zu lassen. Aus
Distanz wurde Nähe, aus Fremden wurden Freunde.
Eine wunderbare Verbindung zwischen Hund und
Herrchen entstand, die sich durch Herzlichkeit, Humor
und Lebensfreude auszeichnet.

*Ein Lesevergnügen für jeden
Hundebesitzer und genau das richtige
Geschenk für alle, die auf einen eigenen
Hund verzichten müssen. Kalle
erfreut sie alle!*

Elmar Schnitzer
Kalle für alle

Mit Fotos · ISBN 978-3-7844-3353-0 · E-Book 978-3-7844-8195-1

Langen*Müller*   www.langen-mueller-verlag.de